气象为新农村建设服务系列丛书

气象与农事

徐仁吉 编著

气象出版社

图书在版编目(CIP)数据

气象与农事/徐仁吉编著. —北京:气象出版社,2008.3(2018.6 重印)
(气象为新农村建设服务系列丛书)
ISBN 978-7-5029-4389-9

Ⅰ.气…　Ⅱ.徐…　Ⅲ.农业气象－基本知识　Ⅳ.S16

中国版本图书馆 CIP 数据核字(2007)第 160771 号

出版发行:气象出版社
地　　址:北京市海淀区中关村南大街 46 号
邮政编码:100081
网　　址:http://www.qxcbs.com
E-mail:　qxcbs@cma.gov.cn
电　　话:总编室 010-68407112,发行部 010-68408042
总 策 划:刘燕辉　陈云峰
策划编辑:崔晓军　王元庆
责任编辑:黄海燕
终　　审:黄润恒
封面设计:郑翠婷
责任技编:刘祥玉
责任校对:牛　雷
印 刷 者:三河市百盛印装有限公司
开　　本:787 mm×1 092 mm　1/32
印　　张:3.125
字　　数:70 千字
版　　次:2008 年 3 月第 1 版
印　　次:2018 年 6 月第 11 次印刷
定　　价:10.00 元

本书如存在文字不清、漏印以及缺页、倒页、脱页等,请与本社发行部联系调换

《气象为新农村建设服务系列丛书》

编委会

主　编：刘燕辉

副主编：陈云峰

编委（以姓氏笔画为序）：

　　王元庆　李茂松　陆均天

　　郑大玮　郭彩丽　崔晓军

序

我国是一个农业大国,农村经济和人口都占有相当大的比例,没有农村经济社会的发展,就没有整个经济社会的发展,没有农村的和谐,就难以实现整个社会的和谐。党的十六届五中全会提出了建设社会主义新农村的战略部署,这是光荣而又艰巨的重大历史任务,成为全党全国人民的共同目标。农业安天下,气象保农业。新中国气象事业始终坚持为农业服务,几代气象工作者为我国农业生产和农业发展努力做好气象保障服务,取得了显著的成绩,得到了党中央、国务院的充分肯定,得到了广大农民的广泛赞誉。建设社会主义新农村对气象工作提出了新的更高的要求,《中共中央 国务院关于推进社会主义新农村建设的若干意见》(中发〔2006〕1号)明确提出,要加强气象为农业服务,保障农业生产和农民生命财产安全。《国务院关于加快气象事业发展的若干意见》(国发〔2006〕3号)也要求,健全公共气象服务体系、建立气象灾害预警应急体系、强化农业气象服务工作,努力为建设社会主义新农村提供气象保障。为此,中国气象局下发了《关于贯彻落实中央推进社会主义新农村建设战略部署的实施意见》,要求全国气象部门要围绕"生产发展、生活宽裕、乡风文明、村容整洁、管理民主"的建设社会主义新农村的总体要求,按照"公共气象、安全气象、资源气象"的发展理念,积极主动地做好气象为社会主义新农村建设的服务工作。要加强气象科普宣传力度,编写并发放气象与农业生产密切相关的教材;要积极开展新型农民气象科技知识培训,大力提高广大农民运用气象科技防御灾害、发展生产的能力;要开办气象知识课堂,定期、不定期对农民开展科普培训;要加强农村防灾减灾和趋利避害的气象科普知识宣传,对学校开展义务气象知识讲座,印制与"三农"相关的气象宣传材料、科普文章和制作电视短片等。

气象出版社为深入贯彻落实中国气象局党组关于气象为社会主义新农村建设服务的要求,结合中国气象局业务技术体制改革,积极推进气象为社会主义新农村建设服务工作,并取得实实在在的成效,组织全国相关领域的专家精心编撰了《气象为新农村建设服务系列丛书》。该套丛书以广大农民和气象工作者为主要读者对象,以普及气象防灾减灾知识、提高农民科学文化素质和气象工作者为社会主义新农村建设服务的能力为目的,行文通俗易懂,既是一套农民读得懂、买得起、用得上的"三农"好书,又是气象工作者查得着、用得上的实用服务手册。

中国气象局局长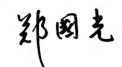

2007 年 5 月

前　言

　　农业生产的对象是有生命的有机体,不论栽培植物或饲养动物都必须有适宜的环境条件,即保证它们对光、热、水的需求。如若不能保证某些生物所要求的气象条件或缺少其中的某一因素,生物就很难生存或者严重影响其生长和发育。天气和气候是农作物整个生活过程中不可分割的外界条件,天气的好坏不仅关系到生产活动能否顺利进行,而且也关系到农作物的生育状况和产量的高低。所以天气对于农业生产来说,有时是我们的朋友,有时成为我们的敌人。如温度适宜、雨水及时、光照充足就有利于农作物的生长和发育,便是高产丰收的气候条件,俗话说"风调雨顺""五谷丰登"也就是这个意思。反之,若天气反常低温寡照、阴雨连绵,不但易使作物倒伏,而且影响授粉,造成瞎粒,而大暴雨又常引起洪涝,淹没庄稼、冲刷土壤,使肥分流失;其他像干旱、霜冻、冰雹等也会影响作物的生长和发育造成减产和歉收。

　　气候因素对农业生产的影响是复杂的,如我国南方温暖多雨,而北方寒冷干燥,沙漠地带寒暖不均,高原上又热量不够,就是相距不远的山南和山北,平原和高山,它们的气候也是不同的。如果不按照气象条件的变化规律因地制宜地安排生产,那就很难得到高产和丰收。但是,各种农作物在不同的生长时期和不同的状态下,对天气和气候的要求也是不一样的。如水稻在苗期,若温度低于 10 ℃则易引起烂秧,开花期若温度低于 17 ℃影响授粉,难望丰收,小麦在分蘖到抽穗期间,若雨水不足则籽粒不饱满,但当雨水过多而温度又高时,极易引起倒伏和病害。所以我们单纯了解天气和气候因素是不够的,还必须知道农作物不同的发育期所要求的气象条件,只有满足它们的需要才会夺取高产和丰收。

农业生产发展的一个重要途径,就是要根据气候变化与农作物生长发育规律,通过人们的生产活动,合理地利用自然因素,来提高作物的产量和品质,在具体安排农业生产时,必须结合农事季节掌握好当地气候和天气的变化情况,了解最适于哪些作物或品种的生长,而哪些作物或品种不能生长或生长不好,了解当地经常易发生哪些气象灾害,发生在哪个季节以及它们的强度和频率等。根据这些气候和天气条件,选择最适宜的作物品种,合理安排不同作物间的比例和面积并采取适宜的栽培管理措施等。所以,自然因素与农业生产的关系是十分密切的,随着科学和生产的不断发展,实现农业现代化,就更要掌握天时,充分利用气候资源,给农作物创造一个适于生长和发育的生活环境,使气候与天气为人们所驾驭并服务于农业生产。

徐仁吉
2007 年 8 月 8 日

目 录

春耕 ………………………………………………（1）
  1. 早春引种要注意两地的气候特点 …………（1）
  2. 抓住暖流早整地 ……………………………（2）
  3. 春耕时节话墒情 ……………………………（4）
  4. 为啥说"清明难得晴" ………………………（5）
  5. 春旱缘何落雨难 ……………………………（6）
  6. 怎样掌握适宜播种期 ………………………（8）
  7. 小麦早种有哪些好处 ………………………（10）
  8. 抓好火候种玉米 ……………………………（12）

夏锄 ………………………………………………（14）
  9. 夏季高温与产量的形成 ……………………（14）
  10. 作物病虫害与农田施药 …………………（16）
  11. 伏里不热,五谷不结 ………………………（18）
  12. 防低温,促早熟,夺丰收 …………………（19）

秋收 ………………………………………………（20）
  13. 秋高气爽农活忙 …………………………（21）
  14. 秋季大白菜的田间管理 …………………（22）
  15. 秋收之前咋选种 …………………………（24）
  16. 霜和霜冻是一回事吗 ……………………（26）
  17. 咋样预知霜冻的来临及如何防御 ………（27）

冬藏 ………………………………………………（30）
  18. 寒冬飞雪兆丰年 …………………………（30）

- 19. 冬贮葡萄的保鲜技术 …………………… (32)
- 20. 怎样贮藏大白菜 ………………………… (33)
- 21. 种子的贮藏与管理 ……………………… (35)
- 22. 化肥的贮藏与保管 ……………………… (36)
- 23. 冬季役马的使役与管理 ………………… (37)
- 24. 冬季耕牛的饲养与管理 ………………… (39)
- 25. 冬季生猪的管理与喂养 ………………… (41)

农时与节气 ……………………………………… (43)

- 26. 冷暖交替成四季 ………………………… (43)
- 27. 季节与节气的由来及发展 ……………… (44)
- 28. 节气的内容与含义 ……………………… (46)
- 29. 运用节气指导农事 ……………………… (48)
- 30. 打春阳气转 ……………………………… (49)
- 31. 雨水雁河边 ……………………………… (51)
- 32. 惊蛰乌鸦叫 ……………………………… (52)
- 33. 春分地皮干 ……………………………… (54)
- 34. 清明忙种麦 ……………………………… (55)
- 35. 谷雨种大田 ……………………………… (57)
- 36. 立夏鹅毛住 ……………………………… (58)
- 37. 小满雀来全 ……………………………… (60)
- 38. 芒种忙铲地 ……………………………… (62)
- 39. 夏至无需棉 ……………………………… (63)
- 40. 小暑不算热 ……………………………… (64)
- 41. 大暑三伏天 ……………………………… (66)
- 42. 立秋忙打靛 ……………………………… (68)
- 43. 处暑沤麻田 ……………………………… (70)
- 44. 白露割糜黍 ……………………………… (71)
- 45. 秋分无生田 ……………………………… (73)

46. 寒露不算冷 ………………………………（74）

47. 霜降变了天 ………………………………（76）

48. 立冬十月节 ………………………………（78）

49. 小雪地封严 ………………………………（79）

50. 大雪河封上 ………………………………（81）

51. 冬至数九天 ………………………………（82）

52. 小寒进腊月 ………………………………（84）

53. 大寒到新年 ………………………………（85）

春 耕

1. 早春引种要注意两地的气候特点

根据当地生产的需要,引进异地的作物或品种,叫做引种。

引种是一项科学性很强的工作,必须考虑到引出地的生态环境、引入地的自然条件以及作物本身的生物学特性。一种作物或品种,对原产地气候条件的适应性,在科学上叫做品种的气候生态型。按照作物对温度条件的要求,可分为喜温作物和耐寒作物两大类。水稻、玉米、大豆、高粱、谷子等都属于喜温作物;小麦、甜菜、向日葵等都属于耐寒作物。喜温作物在高温条件下会显著缩短生育期;耐寒作物在苗期则需要有一个低温的环境,以便通过"春化阶段"①。同一种作物,由于品种不同,对温度的要求也有差异,所以又分为早熟、中熟和晚熟等不同的类型。

不同的作物或品种,对光照长短的反应也不一样。按照作物对光照长短的反应,可将其分为三种类型,即短日性作物、长日性作物和中间性作物。短日性作物只有在光照长度小于某一时数时才能开花,如延长光照时数,就不开花结实,如水稻、大豆、玉米、高粱、棉花、甘薯等。长日性作物只有在光照长度大于某一时数时才能开花,如缩短光照时数就不开花结实,如小麦、油菜、甜菜、胡萝卜、洋葱、蒜、菠菜等。中间性作物对光照长度不敏感,长点短点都可以开花和结实,如黄瓜、番茄及水稻、大豆的某些特早熟品种等。延长光照时间,可使长日性作物生育期缩短,短日性作物则生育期延长。

了解作物对光照的要求对作物引种很重要。对短日性作物来说,北种南引,由于南方春夏生长季内日照时间较短,使作物加速发育,生育期将缩短;南种北引,由于北方生长季内日照时间长,生育期则延长,严重的甚至不能抽穗与开花结实。长日性作物北种南引,生育期会延长;南种北引,生育期会缩短。所以南北引种距离不宜过大。从海拔高度不同的地区引种,一般要考虑到海拔高度每增加100米,平均气温会降低0.6 ℃,相当于纬度北移1度。东西方向引种比南北方向引种的效果好。平地与平地,高原与高原,也就是气候条件比较相近的地方互相引种,才容易获得成功。

在农业实行生产责任制的今天,农民对科学种田有了新认识,特别在良种使用上都比较重视。为了提高单位面积产量,保证引进的良种能充分发挥增产优势,在引种时除了注意上述自然环境、品种类型以外,还应注意种子的含水量大小、发芽率高低以及净度等。特别要了解一下该种子在原产地的病虫害情况。千万不要把疫区带菌的种子引到本地来,以免造成不应有的损失。

注①:什么是"春化阶段"?秋播作物在苗期必须经过一定时间的低温条件,才能正常抽穗开花,这个时期称为春化阶段。不经过这个阶段,即使有充足的光照和温度条件,也不能正常抽穗结实。

2. 抓住暖流早整地

惊蛰过后,便是春分。这时天气转暖,气温回升,正是早春整地的大好时机。"抓住暖流早整地"是保证适时播种,及早出苗并达到苗全苗壮的主要措施。

春分过后,气温升高,蒸发量加大,土壤里的水分一天天地减少,这便是对春耕播种极为不利的跑墒现象。如何避免呢?便是进行早春整地,不留土坷垃。当前要抓住土壤一冻一化(即早晚冻中午化)的有利条件,进行拖茬、耙地和顶浆打垄等各项保墒工作。拖茬能平整地面,破碎土块,改变土壤表层结构,保住土壤底墒不被蒸发,是一项防旱抓苗的好办法。耙地可以耙碎土坷垃,破除土壤板结层,弥补土壤裂缝和孔隙,而且切断了毛细管,阻止了下层土壤水分的上升和逸失,从而保蓄了土壤中的水分,是保证适时播种的有效措施。顶浆打垄的好处是:①由于土壤上面化土层松散,下面又有冻底,踹起来非常省力;②打垄以后,由于破坏了蒸发面,可以蓄水保墒;③打垄以后,可加快播种进度,提高播种质量;④打垄以后,土头暄、水分多、温度高,有利于种子发芽和出苗。

不同的地块整地的时机不同。在没有进行秋翻的谷茬、糜茬、稗茬等硬茬子地块,要趁有冻用拉子拖茬子或用磙子压一遍,因为这些茬子都不能刨,而且数量多又很硬,播种时土块容易把种子架空,透风跑墒,影响抓苗。对于秋翻地块,要抓住早春回暖期,在土壤化冻4~5厘米深时,尽早进行拖耙,越早越主动,效果也越好。一般是用拖拉机带钉齿耙,耙后拴上耢子,随耙随耢,耙细耢匀,不重不漏,做到地平土碎,防止水分蒸发。对那些没有秋翻的豆茬、玉米茬、高粱茬、向日葵茬、甜菜茬等软茬子地块,待垄台化到够深时就要动手刨茬子,刨后要用耢子耢一遍,把刨坑拖平,以防止土壤板结,弥补地隙,防止水分蒸发。当土壤化够一犁深时,就要立即开犁进行顶浆打垄。

为了保证适时播种抓全苗,就要掌握好时机,进行早春整地。稍一迟疑,就会贻误战机,如待开始煞浆①再整地,就会造成土壤失墒,如没有春雨补充,种子容易落干,若出苗不齐,将会减产和歉收。

注①:土壤经过一冬天的冻结,深层的水分都集中到耕作层里,到春天解冻时上层的水分就非常多,所以早春要进行顶浆打垄,使大部分水分保蓄在耕作层中,以为种子发芽提供条件。因此早春整地非常关键,抓不住这个时机,土壤中的水分就会在蒸发和渗透中消失掉,种子播到地里,如果没有春雨补充,就会芽干,影响出苗。

3. 春耕时节话墒情

春回大地,冰化雪融,土壤也开始解冻,春耕播种的时机来到了。此时,人们最关心的是土壤墒情的变化。

早春,地面化冻以后,表土层里的水分,在短时间内能够有不同程度的增加,这种"返浆水"使地表出现了"返润"现象,是土壤墒情的来源,也是影响农业丰歉的重要自然因素。

"返浆水"是怎样来的呢?一般来说是在上一年土壤封冻后凝集的。当大地开始封冻时,土壤表层温度低,深层温度高,由于水分的表面张力,深层的水分便以液体的形态不断向表层运动,到达冻土层时便被冻结,这样就在耕作层土壤中凝集了大量的冰晶。当冬去春来,大地复苏时,由于温度的不断升高,冻土层的水分又慢慢地解冻,从固态水再变成液态水,而后就顺着土壤中的微细孔道,借助毛细管的作用力,上升到土壤的表层,渐渐使表层的水分越积越多,耕作层的墒情也就越来越好。这就是人们所说的春天土壤的"返浆"现象。据测定,10~60厘米的土层内,土壤含水量一般要比封冻前增加30%~50%。

春天土壤返浆水的多少,受很多因素影响,其中最主要的是取决于上年秋季降雨的多少,尤其是临封冻前的降雨,对返浆水的影响更为显著。一般情况下,上年秋雨多,土壤水分多,春季返浆水就多,墒情也好;上年秋雨少,土壤含水量小,春季返浆水也少,墒情就差。若封冻时是雨封地,则整个冬天土壤水分被蒸发得少,春天返浆水就多,墒情也好;若封冻时是干封地,则整个冬天土壤水分蒸发得多,春天返浆水也少,墒情就差。此外,土质、地势以及地下水位的高低,对返浆水也都有一定的影响。黏土地、低洼地和地下水位高的地区,返浆水就多;沙土地、山岗地和地下水位低的地区,返浆水就少。

春播抓苗决定于土壤墒情的好坏,而土壤墒情的来源又主要取决于返浆水。所以,抓住土墒返浆期及时整地就显得十分突出和重要了。要趁早春一冻一化的时机进行顶浆打垄,并及时镇压好,以减少土壤水分的蒸发和提高返浆的效果,便是抗旱、保全苗、夺丰收的重要环节。

4. 为啥说"清明难得晴"

"清明时节雨纷纷",这是杜牧在《清明》绝句中所描述的江南春季的气候特点。塞北的春天虽然阳光明媚,但在清明前后也多阴少晴,经常刮大风。俗话说"清明难得晴,谷雨难得雨""早晨刮风晚上住,晚上不住刮倒树",这两条民谚正是针对北方早春的气候特点有感而发的。在此期间,由于南方暖空气势力的不断加强,迫使冷空气逐渐北退,有时双方势均力敌,有时冷空气又把暖空气顶回去。这种冷暖空气时来时往、互相矛盾冲突和不断交锋的过程,就导致天气的无常变化,造成时冷时暖、时阴时晴和经常出现大风天气,这就是"清明难得晴"的气候因素。在这冷暖交替的时候,虽然阴天时数较多,但因北方远离海洋,云中缺乏水汽,又常受蒙古气旋的控制,所以很难形成降水的条件,这正是"谷雨难得雨"的天气原因,无怪北方"十年九春旱"和"春雨贵如油"了。

清明时节,日出较早,阳光辐射到地面以后,大地很快升温,但由于地形不是水平的,因此各地的受热便有先后和快慢的区别,有的地方受热早便先产生暖湿气流向上升腾,空出的地方便由四周冷空气来补充。到傍响(上午10点以后到12点之前)这种冷暖空气流动加速,便刮起大风。而当日落前后,太阳辐射减弱并消失,地面温度也下降了,各地温差变小,没有冷暖空气的交换,风也就停了。这种风,是由于当地温差变化所形成的,便呈现"早晨刮风晚上住"的日变化。如果在白天刮起的大风,到晚上仍然未停,风力也必然加大,这则是由大气环流所产生的。在东北地区这种由外地移来的天气系统,受松辽平原地形作用的影响,常使风力增大到8～9级,甚至达到刮倒树的程度,因此说"晚上不住"就要"刮倒树"了。这种大风天气,一般要维持两三天的时间,所以又有"风三风三,一刮三天"的说法。也正是这种季节性的大风,常刮得天昏地暗,尘土飞扬,把肥沃的土壤耕作层吹走,甚至连小苗也带根拔起,卷向他方,给农业生产造成严重的损害。因而有人讲"清明刮去坟头土①,庄稼佬白受苦"。但是清明这天刮风与不刮风,倒不能决定年景的好坏,关键是在清明到谷雨这段春播期间风力的大小,却会影响秋天的收成。

注①:农村把清明这个节气看得很重要,认为清明时节风大,次数多,把坟头土都刮没了,耕作层受到破坏,对种子发芽和出苗都会产生影响,容易造成减产和歉收。

5. 春旱缘何落雨难

近两年来由于受厄尔尼诺现象①的影响,我国北方干旱少雨，2006年的旱情比较严重，影响了农作物的生长和成熟，造成了许多地方的减产和歉收。2006年秋后雨水很少，大地比较干燥，入冬时是干封地，整个冬春季节又很少出现降水天气，裸露的大地没有冰雪的覆盖，本来水汽就不足，又经风吹日晒，致使土壤十分干燥，在农业生产上失墒严重。

人们此时总企盼着天赐甘霖，以滋润干渴的土地。然而，却天天失望，总不见雨滴落地。为何旱天降雨这么难呢？其实是缺乏成云致雨的条件。

雨从天降，这是人所共知的。但你知道雨水是怎么生成的吗？它是怎么运到天上又落下来的呢？简言之，雨水是在大气中经过物理变化生成后又通过大气的对流运动送上天空的。太阳是地球和人类的主要能源，它辐射热量使大地增温，地面温度升高以后，便把近地层的空气烤暖，这和用铁锅烧水，火把锅烧热，锅又把水烘热一样。

大地表面看似干燥，实际也含有一定的水分，特别是江河湖泊和海洋等水面上的水汽，被太阳热辐射蒸发到空中后，与低层空气融为一体。在它向上升腾的过程中，由于消耗能量而使温度逐渐下降，一般情况下，这种潮湿空气每上升150米的高度，温度便要降低约1℃。当它的温度降到露点温度（空气中的水蒸气变为露珠时候的温度）时，便已达到了凝结的高度，这时空气中所包含的水汽很快都凝结成小水滴。这就和锅里的水烧开了，水蒸气遇到冷锅盖后生成水滴一样。

许许多多的小水滴飘浮在空中，我们从地面看上去就是灰色的云。刚生成的云很淡薄，随风飘移，如这时空气对流旺盛，上升气流会携带大量水汽来补充，使这种云不断向上发展。当上部超过冻结高度时，许许多多的小水滴就冻结成小冰晶和小雪花，被阳光照射后，从地面看就是白色的云。

天上无云不降雨,但能够降雨的云并不多。自然降水的形成,实际上就是水滴长大的过程。有时候我们会看到移来一块很低发黑的云,但它却偏偏不落雨,或者掉几个大雨点就移走了,不久就消散了。尤其在北方比较干旱的春季,这种现象就更为多见,难怪俗话说"春雨贵如油"了。

这是什么原因呢?主要是由于当时的天气条件所决定的。一般来说,北方的春天空气比较干燥,云中的水汽非常少,构成云的千千万万个小水滴还未能长大成雨滴,或是只有极少数个别的长成了雨滴,落几个雨点后云也就很快消散了,所以很少有降水的过程。这就是干旱的春季里难落雨的缘由。

注①:什么是厄尔尼诺现象?厄尔尼诺现象是指地处东太平洋热带地区的海水大范围异常增温现象。这一现象造成了地球温度的升高,它会使气候的各种因素失衡,从而导致气候异常。

6. 怎样掌握适宜播种期

庄稼年年种,粮食岁岁收。春耕、夏锄、秋收、冬藏。看上去好像是个死规律,其实不然,每个环节都是由当时的客观条件所决定的。就拿春耕播种来说,不可能每年都是在某月某日开犁下籽儿,因为种子发芽需要一定的条件——这就是土壤的温度和水分。

土壤的热状况,在农作物生长过程中具有重要的意义。特别是在种子刚播到地里以后,不但需要从土壤中吸收一定量的水分,而且还必须保证足够的温度条件才能萌动。种子发芽速度的快慢取决于土壤升温的速度。一般情况下,温度越高,发芽越快。从几种主要农作物发芽的最低温度来看,小麦是 2~4 ℃,大豆和谷子是 6~8 ℃,玉米和高粱是 8~10 ℃,由于各种作物播种后,上面一般覆盖 3~7 厘米厚的土层。因此,研究春季 5 和 10 厘米深土层的温度变化情况,对选择作物适宜播种期十分重要。取《长春市二十四节气基本气象资料》(长春市气象局编,内部资料)来分析,地中 5 厘米温度变化:清明为 5.1 ℃,到谷雨就升为 9.7 ℃;地中 10 厘米温度变化:清明为 3.7 ℃,到谷雨上升到 8.2 ℃。虽然北方春季的到来较晚,但 4 月份升温较快,特别是 5 厘米深土层比 10 厘米深土层升温更为迅速。由于北方冬季冻土层较深,再加上春天雨水少,气候干燥,上层土壤所增加的热量不能很快传导到下层土壤中去,因此,对于早春作物可考虑适当浅播,而大秋作物则可适当深播一点,以便在不同时期能最大限度地利用土壤中较好的热量条件。

北方 2006 年秋季降雨较少,又是干封地,整个冬季降雪也不多,土壤墒情不佳,如果再没有春雨补充,对种子发芽就会有一定的影响。据此,春季必须抢墒播种。但是,若播种太早,地温不够,会影响种子发芽,还容易粉种瞎地,即或出苗,也会因种子长时间在土里受低温影响而致病,造成植株纤弱。因此,要在春季低温和干旱的矛盾中找出适宜的播种期"适时早种"。"适时"是条件,"早种"是关键,既不要忽"适"抢早,也不要错过"时机"。种子播进土里后,有一个吸水的过程,需要经过一定的时间才能萌发,在 10 厘米深土壤温度达到 5~6 ℃时即可播种,当这个土层温度上升到 10 ℃以上时,种子已吸好水,很快就会发芽出苗了。如果等到土壤温度适宜再播种,就要错过一段时间,从而失去了有利的时机。如何掌握播种的火候呢?这就要根据各地不同的土质和地势、不同的作物和品种,因地制宜、因时制宜、因作物和品种制宜,合理安排,适当掌握,以适应当地的自然条件和作物品种的特点为准则。如沙土地、平岗地的土壤含水量小,比较热绰①,就要早动手抓好墒情;对于黏土地、涝洼地,由于其土壤含水量大,比较冷浆,则可以晚一点待地温适宜时再播种。另外,晚熟品种要早种,以保证有足够的生育日数,早熟品种则晚种点也无妨。这是因为各种作物的种子发芽时要求的条件不一样,只要满足它所需求的温湿度,就是这种作物最适宜的播种期。

注①:热绰和冷浆是两个相对的词,即温度高和温度低的意思。

7. 小麦早种有哪些好处

春播小麦时间决定于土壤墒情的好坏,而土壤墒情的来源又取决于春季返浆水的多少,所以抓住返浆期适时早种,就是抗旱保收的关键性措施。待冻土层化通以后,土壤水分便逐渐下渗,人们叫做"煞浆"。此时由于土壤上层蒸发量迅速增大,耕作层的水分不断减少,这就是所谓的"跑墒"现象,这时如有春雨补充,还可以得到缓解,如不降春雨,则会影响春耕播种。因此在春季干旱的地区,要抢墒保苗就必须搞好早春整地,以减少水分蒸发,为种子发芽提供适宜的墒情。顶凌播种便是一项有利措施,即在早春土壤一冻一化的时候,抓住暖流把小麦种上。

春小麦是一种生育期短、后期灾害多的早春作物。实践证明,春小麦适时早种好处多,特别是北方各地尤为重要。

(1)早种有利于抢墒情,抓全苗:春小麦生物学特点是"种在冰上,收在火上"。其幼苗期能忍受零下 9 ℃低温,适合顶凌播种。只要土壤表层化够一犁深,能覆盖严种子即可开犁下籽。把小麦种在冻土层上面既保证深浅一致,又抓住了最好墒情,出苗时整齐苗壮。

(2)早种有利于根系发育,壮秧:小麦根系在 2 ℃时就能很快生长,茎叶则要在 5 ℃以上时才能很好生长。早种春小麦,由于前期温度低,根扎得深,叶子长得宽,所以秧苗苗壮,能防干旱,抗倒伏,提早成熟。

(3)早种能促进分蘖,提高成穗率:春小麦在 2~4 ℃的低温条件下即可分蘖,以 12~18 ℃分蘖最旺,当温度高于18 ℃时分蘖又减弱。适时早种春小麦,使分蘖期处于低温环境下,可以延长分蘖时间,成穗率高,实现高产。

(4)早种有利于防病防灾:适时早种,可早发芽、早出苗,拔节起身早,在麦秆蝇盛发期,小麦主茎已经抽穗,可以避免麦秆蝇的危害,早种春小麦可早灌浆、早成熟,能够避开后期锈病感染和酷暑、高温的影响,早种春小麦可以在雨季到来之前收获,避免洪涝和冰雹的危害。

而在南方主要是抓好迟播冬麦的管理。如果上一年冬种时雨水过多或茬口安排不当,使麦苗长势差,那么加强小麦的早春管理夺高产,是南方农事活动上不容忽视的一个主要问题。迟播麦出苗晚,苗小根系弱,吸肥性能差,分蘖少,苗不足,产量低。所以必须抓好迟播麦的早春管理,及时中耕除草,施好施足促蘖肥,最好采取根外追肥,这样养分吸收转化快,有利于早分蘖、多分蘖,提高成穗率,增加有效穗数和粒数,以获得高产。

迟播麦,苗期根外追肥一般以尿素、磷酸二氢钾和过磷酸钙为好,具体做法是:①肥液的浓度,尿素 0.5~1 千克,加水 50 千克;磷酸二氢钾 150 克,冲水 50 千克;过磷酸钙 1.5 千克,加水 50 千克为宜。防止浓度过高,造成伤苗,每亩可喷肥液50~60千克。②喷药的时间,以晴天上午 10 时至下午 3 时进行较好,可延长肥液在叶面上停留的时间,增加吸收量,以提高肥效。③要细雾匀喷,每隔一星期喷一次,可连续喷1～3次,对促壮苗夺高产有一定的效果。

8. 抓好火候种玉米

玉米是主要的粮食作物,它的丰歉直接影响农业产量的提高和人民生活的改善,所以种好玉米十分重要。但怎样才能种好呢?

在北方主要是播种期的选择

玉米是一种短日性的喜温作物,从播种出苗到成熟的整个生育过程,均宜处在较高的温度条件下,尤其是拔节到开花后的旺盛生长期,更要求有逐渐上升的温度。适时早种,能使植株苗壮、抗病抗倒,穗大粒饱,能提早成熟,高产稳产,做到秋霜春防。影响玉米播种的环境因素很多,其中最主要的是温度和水分。

玉米发芽的最适温度是 28～35 ℃,一般在 5～10 厘米土层的温度稳定在 10～12 ℃时,正是播种的大好时机。各地一般在 4 月 15 日以后到 5 月 5 日之前播种较为安全可靠,不会出现太大的闪失。

怎样才能种好玉米

北方多采用垄作的播种方式。因为垄作既有利于提高地温,又有利于抗旱保墒,而且也比较耐涝。机械化耕作一般采用先平播后起垄的方式;也有采用早春顶浆打垄,而后人工点播方式的。机械播种作业,能够随播种随覆土,失墒少,播种速度快,下种均匀,覆土深浅一致,并且能把种子直接播种在湿土内,对种子的发芽和出苗都极为有利。点播即刨坑种。

在底肥少的情况下,点播便于带口肥①,但费时费工。所以机播是玉米播种发展的方向。

播种量的确定,应根据种植密度、播种方法、种子大小、发芽率高低、整地质量、土壤墒情好坏以及地下害虫的多少等来综合考虑。一般每亩条播用种 6~8 千克,点播用种 3~5 千克,育苗移栽用种 2~3 千克较为合适。

播种深度对玉米的出苗以及幼苗期的长势都有直接的影响。在黏重土壤上,当覆土深度为 4 厘米时,要经过 12 天才出苗,当覆土深度为 8 厘米时,则需 24 天才能出苗。播种太深,会使幼苗生长瘦弱;播种过浅,又因风吹易使种子落干。因此,若地温低、墒情差,则应适当深播,覆土需达 5~6 厘米;反之则要适当浅播,覆土 3~4 厘米。沙土地要深些,黏土地则要浅一些。

播种后,应及时镇压,尤其是墒情较差、土坷垃较多的地块和沙性土壤,播后镇压更为重要。

南方谷雨前后玉米已经起身,主要是田间管理。特别是在 14 片叶左右的抽穗期,用手可摸到顶叶下的雄穗,外部根、茎、叶旺盛生长,内部雌雄穗迅速分化,是玉米生长发育的关键时期。为了促使其根系发达,生长旺盛,穗粒发育,必须加强这个时期的田间管理,关键是重施穗肥。施肥量的掌握主要依据:土质肥沃、叶色深绿、叶片宽厚、尖而不垂、健壮生长的,每亩施碳铵 20~25 千克,或硝铵 12~15 千克,或尿素 7~10 千克;土质较瘦、叶色淡绿、叶片窄细、长势较弱的,每亩施碳铵 25~30 千克,或硝铵 15~20 千克,或尿素 10~13 千克。在追肥的同时,结合中耕高培土,促使根系发育,防止倒伏,并注意观察和防治病虫害等工作。

注①:口肥就是边点种边撒的肥料。

夏 锄

9. 夏季高温与产量的形成

进入夏季,大自然展示出非常壮美的画卷:遍地绿茵,草木繁茂,庄稼茁壮生长;雀跃枝头,鱼游水底,蜂蝶飞舞花丛间。到处呈现着一派生机盎然的景象,令人心旷神怡。

我国民间习惯上把立夏叫做入夏,即夏天开始了。而天文学上的夏季,则是从夏至这一天算起。这一天太阳光直射北回归线(北纬 23.5 度的地方),北半球白昼的时间最长,黑夜的时间最短,这是太阳光投射角最大、辐射到地面的热量也最多的日子。但是这一天的温度还不是最高的,因为地面吸收的热量累积量未达最高值。按照气象学的标准,连续 5 天日平均气温(即候温)在 22 ℃以上才算进入夏季。最炎热的天气一般是出现在夏至后约一个月左右的大暑节气前后,这时太阳位置仍偏北,太阳高度角还很大,地面的累积热量最多,一年中气温的最高值也出现在这个时期,这便是"热在中伏"的原因。

夏季的田野是丰盛的、饱满的。在金灿灿的阳光下,庄稼碧绿,花草丛生,树木苍翠,大地郁郁葱葱。这时节,绿色植物就像吃饱了乳汁的婴儿,不分黑夜白天地拼命生长。当夜深人静的时候,如果人们路过玉米地,就会听到噼噼啪啪的拔节声。这是玉米旺盛生长时使茎加长挣脱鞘所发出来的响声。为什么夏天的植物生长这般迅速呢?除了由于有足够的雨水之外,主要是因为这时的温度适宜。一般农作物除小麦要求的温度较低些,绝大多数农作物的生长温度都在10~35 ℃之间,在此范围内,温度越高,生长发育的速度也就越快。

一般来说,高温年庄稼长势旺,籽粒饱满,秕粒少,成色好,产量高,多为丰年;低温年庄稼长势弱,籽粒不饱满,秕粒多,成色差,产量低,多为歉年。这是因为在农作物生长期内除保证有适宜的水分(不旱不涝)和充足的日照(进行光合作用)外,还必须保证有足够的热量,每种作物在生长过程中除需要满足一定的积温条件外,每个发育期还都要求有不同的温度指标。如玉米,它是一种喜温作物,从出苗到成熟的整个生长期间均宜处在较高的温度条件下,抽穗和开花期是玉米要求温度较高的时期,适宜的温度为 25~26 ℃,开花授粉时不应低于 18 ℃;籽粒灌浆至成熟时的适宜温度为16~25 ℃,低于 16 ℃或高于 25 ℃均不利于养分的制造、积累和运转,致使籽粒秕瘦。水稻更要求较高的温度,分蘖期的适宜温度为32 ℃,气温低于 20 ℃分蘖缓慢,而当气温不足 10 ℃时,分蘖便停止进行。开花期温度以 25~30 ℃为宜,如果温度降到 18 ℃以下会影响授粉。成熟期适宜温度为 20~25 ℃,低于 15 ℃或高于 30 ℃对结实不利。

由此便知,构成农作物产量内容的碳水化合物,主要是在抽穗前 3 周至抽穗后 4 周的 7 个星期内积累起来的,可见这期间的温度条件至关重要,抽穗前 3 个星期光合作用产物除供应生长和呼吸的消耗外,余下的便是抽穗前的蓄积部分,它以淀粉的形态贮存在茎秆和叶鞘中,待抽穗后再输送到穗中;抽穗后茎叶几乎停止生长,这时期的光合作用产物除呼吸消耗外,其余全部输送到穗中形成产量。所以,高温天气是获得农作物丰产的有利气候条件。

10. 作物病虫害与农田施药

危害作物的病菌或害虫的发生及发展,除与气候、土壤、食料、天敌等有着不可分割的关系外,和气象条件也有着极其密切的关系。当气象因子适合于某些病菌或害虫时,它们就会大量发生,并有可能对农作物造成极严重的危害。如果我们了解到某种病菌或害虫本身的活动与繁殖特点,掌握了它们与各种环境条件之间的相互关系和规律时,就可以根据不同时期的不同情况,作出对某种病菌或害虫的发生的预测预报。正确的预测,适时的预报,对于及时防治病虫害的发生和蔓延、有效地保护农作物的正常生长,有着重要的意义。

天气变化,尤其是温度、湿度、风和降水等的变化,不仅对病菌和害虫的发生和发展有着直接的影响,对农作物的生长状况、天敌的发展也有一定的制约作用。这些条件的改变会间接助长或抑制病虫害的发生和发展。

许多寄生性的真菌病虫害,是靠孢子来传染的。但是孢子必须萌发长出芽管后才能侵入植株,而各种真菌孢子萌发和侵入植株以后的发展,只有在一定的温度和湿度条件下才能进行。例如,小麦条锈病菌的夏孢子虽然在 1～25 ℃ 的范围内都能萌发,最适宜的温度为 9～13 ℃,但如果不与水滴接触,或者空气中的水汽还不能达到足以在孢子表面凝聚成一层水膜时,即使在适宜的温度下,孢子仍不会萌发。

入伏后气温高、湿度大,作物生长非常旺盛。这个时期既是病虫害大发生的时期,也是田间用药防病治虫的高峰期,又是各种药物中毒事故的易发期。因此,在高温季节使用农药要根据天气条件选择好喷施时机。

在高温高湿的酷暑季节,要经常到田间地头走一走,细心观察庄稼的生长情况,一旦发现有病虫害发生的苗头,就要及早进行药物防治,决不可耽搁,因为在天气湿热的条件下,病虫的发展非常迅速,稍一疏忽就会蔓延成灾。防治时要根据作物种类和危害程度对症下药,谨防用错药而发生逆转现象。配药时一定要按照药品使用说明书配制,以防止药液浓度过高或过低,尤其对剧毒和高毒农药,更要严格把握分寸。为防止农药对农产品的污染,在限定用药剂量和施用次数的基础上,应按照药剂种类和不同作物安全期进行配制,配药和施药时必须严格遵守操作规程,穿上长袖衣和长裤,戴好口罩和乳胶手套,施药期间不准吃东西,不准吸烟,要顺风隔行喷施,结束后立即洗手、洗脸或洗澡,更换衣服,清洗喷施药械,并在田头留下标记,以防重复用药或造成人畜中毒事故。

药物防治病虫害的效果,除取决于药剂本身的性能外,还取决于施药时天气的好坏。由于天气条件的影响,有时会降低药效,有时还可引起作物药害或发生人畜中毒事故。所以,必须了解和掌握农田施药与天气的关系。首先看降水(主要是雨和露),这与药效有密切关系。通常,喷粉宜在早晚有露水时进行,以便使药粉黏附在叶片上,不易被风吹落,有利于病虫吸收和触杀而提高药效;喷雾则宜在晴天无露水时进行,因为露水多会把药液冲淡,等于加大了药液的稀释倍数而降低药效。不论喷粉或喷雾都不能在降雨时进行,如果施药后不久就遇到降雨,会把药粉或药液冲掉,影响防治效果,雨后必须补施。其次,气温与药效作用的大小以及稀释倍数的确定也很重要。一般讲,温度越高,药效越大;温度越低,药效越小。其原因是高温时药剂蒸发快,渗透力强,害虫食量大,最易中毒死亡。所以在温度较低的情况下,可适当提高单位面积的施用量。尽管温度高有增强药效的作用,但也不能忽视部分药剂不宜在中午烈日下施用,因为在日光曝晒的情况下会导致作物遭受药害,尤其是剧毒性农药,高温时挥发强,内吸减少,既影响杀虫效果,又易使作物造成药害。再次,风对农田施药也有显著的影响。有风的天气,常常会增加操作上的麻烦,很难保证药剂喷施到需要的地方。如果施用剧毒性农药,更应注意风速和风向的问题,以免人畜中毒事故发生。

11. 伏里不热,五谷不结

关于"三伏"最早的记载见于《史记》:"德公二年初伏",就是说在春秋时代秦德公二年即公元前 676 年,在我国农历中就有了"三伏"这个杂节。

在农历中定出"三伏",是借以表示这个时节是一年中最热的,因此节气歌中有"小暑不算热,大暑三伏天"之说。为什么此期间最热呢? 夏至这天虽然太阳直射北回归线,是北半球一年中白天最长、太阳高度角最大的日子,但是却不是一年中最热的时候,而最热的天气一般是出现在离夏至日约一个月的大暑前后,这时太阳位置仍较偏北,太阳高度角仍较高,地面接收的太阳辐射热大于支出的热量,近地层热量积聚最多,出现了一年中气温的最高值,所以便有"热在三伏"的说法。因此在制作历法的时候就选择了距夏至日 21～30 天的第三个庚日[①],作为一年暑热的开始。由于节气和庚日在农历中每年并没有固定的日期,所以入伏的日期在农历中也就每年不同了。三伏天的天气,正是"清风无力屠得热,落日着翅飞上山"(宋·王令:《暑旱苦热》)。唐代人颜师古在《汉书》上所作的解释:"伏者,谓阴气将起,迫于残阳而未得升,故为藏伏。"这正是一年中天气最炎热的时期。此时正值七八月份,气温最高,由于烈日当空,地面暑热难当,因此常被人们称为"盛夏"或"酷暑"。这便是夏季气候的特点。

"伏"是我国古代劳动人民在生产实践中,根据历年盛夏期间天气炎热多雨的气候特点总结出来的,也是我国民间广泛流传和习惯用的节令之一。它反映了一般的气候状况,对于每一年来说,由于冷暖空气活动早晚和势力强弱等因素的影响,致使每年伏天的炎热程度便不尽相同,而出现"伏中有秋,秋中有伏"的情况。因为"三伏"除了表示气候变化的特征外,还和农业生产有着密切的关系。它给作物的生长发育创造了良好的环境。如农谚"人在屋里热得跳,稻在田里哈哈笑""三伏要热,五谷才结""伏天热得很,丰收才有准"等就是指的这种情况。所以,我们在了解"伏"的一般特点的基础上,还必须注意结合当年的具体天气情况,以便因时制宜、因地制宜地采取相应的农业技术措施,促进农作物更好地生长和发育,满足它们所需的积温,夺取农业丰收。

注①:庚日是从天干甲、乙、丙、丁……庚、辛推算出来的,在夏至后第三个庚字出现,即为第三个庚日。

12. 防低温,促早熟,夺丰收

时序进入8月,特别是立秋以后,气温开始逐渐降低。虽说立秋后还有一伏,但天气也不会太热。俗话说:"处暑不拿头,到秋喂老牛。"这句话的意思是说处暑过后,禾本科作物如果还不抽穗,到秋就很难成熟,只能作为牛马的饲料了。是否喂老牛,关键在立秋到处暑这半个月,此期必须抓紧搞好作物后期的田间管理,使其能充分进行光合作用,防低温、促早熟、夺高产。

能否夺高产,就取决于后期的天气条件和田间管理技术,有的年头本来像是高产年,但因秋收时阴雨连绵,或遭冰雹、风雨侵袭,造成歉收,也有的年头本像是低产年,气温低,庄稼长势差,但若后期管理上去了,战胜了低温,促进早熟,仍可夺高产、获丰收。所以,加强后期田间管理的技术措施至关重要,切不可忽视。以东北地区主要粮食作物玉米为例,立秋以后除应注意防病灭虫和喷洒植物助长剂外,主要的田间技术措施应是继续进行"三攻"追肥法的后两种。这三种追肥法就是"拔节期追施攻秆肥,孕穗期追施攻穗肥,灌浆期追施攻粒肥"。在玉米追肥的习惯上,都喜施氮肥,尤其是攻穗肥也必以氮为主,不然长不了大棒儿。但氮肥施入土壤后,很快分解成硝态氮、铵态氮和酰铵态氮,并且都以游离状态存在,极易挥发和流失。因此,如果追施过浅,覆土后氮素仍会返到地表层,玉米只能吸收20%左右,但若追施深度能达10厘米,覆土盖严踏平,玉米的吸肥量可达80%左右。针对氮肥的这一特点,应避免浅施,更不要明施,以防肥效损失,造成浪费。在拔节期过后,必须抓紧追施攻穗肥和攻粒肥(应以磷钾肥为主)的田间工作,以免作物脱肥影响发育。

此外,遇低温年农户还要注意放好秋垄,拔净杂草,使植株间通风透光,以战胜低温天气的影响,促进农作物尽快成熟。

秋 收

13. 秋高气爽农活忙

火热的夏天过去,接踵而来的便是凉爽的秋天。夏秋季之间的界限是什么呢?过去,人们以"立秋"这一天作为秋季的开始,但未能反映出物候和农事的特征;天文学家以"秋分"作为秋季的起算点,与实际气温也不相符;民间还以农历九月初一作为秋季的头一天,仍不现实。因为我国疆域辽阔,幅员广大,东西南北中,地理位置和地形不尽相同,所以各地气候差异很大,固定哪一天作为秋季的起始点都不大适宜。人们通过对一些自然景物的长期观察、记载和分析验证,并结合农事活动,确定出以候平均气温低于22 ℃,高于10 ℃的日子作为秋季,这样比较符合各地气候的实际。哈尔滨、长春平均在8月中旬最先进入秋季。此后,太阳直射点不断南移,白昼缩短,黑夜加长,气温逐渐下降,秋意也愈发浓了。我国其他大城市入秋的时间大致为沈阳8月下旬,北京9月上旬初,郑州9月上旬末,武汉9月下旬,上海9月下旬末,广州10月下旬末。

繁忙的夏季过去了,初秋到来也不清闲。北方各地大田作物夏锄和铲蹚基本结束,都已拿起大垄。好像应该轻松一下了,但为了在秋收大忙季节之前,把冬天的防寒保暖工作抓紧做好,此时也正是各家各户扒炕抹墙的时候,接着就要起土豆、收获小杂豆和油料等。而南方,这个时候仍是高温季节,正是后季稻的抽穗扬花时期,如遇较强冷空气袭击,容易造成大量空秕粒，严重影响产量的提高。当地群众采用夜灌日排的办法，可以提高地温 1.5～2.0 ℃，也相应地提高了水稻穗部的温度。一般水深 10 厘米时，晴天可提高穗部温度 3 ℃ 多，阴天也能提高 2 ℃，对丰产丰收极为有利。

秋分过后，日照时数不断减少，气温在逐日下降，候温（即五天的日平均气温）也很快降到 10 ℃ 以下，农作物开始停止生长，便到了开镰收割的大忙季节了。春华秋实，这就是大自然的规律。

14. 秋季大白菜的田间管理

处暑过后，凉风渐起，正是北方秋季大白菜间苗的关键时期，而产量的高低取决于管理的好坏，所以必须抓好秋白菜苗期的管理。首先要间好苗，原则为：早间苗、多留苗、适时定苗；方法是：间 2～3 次苗，留优去劣，到团棵时定苗。其次应勤中耕，浅铲深踹，结合间苗与定苗进行 2～3 次中耕除草。第三是适时、适量追肥，第一次间苗后追一遍提苗肥，以氮为主，每亩以追施 3～5 千克尿素为宜，并要小水勤浇，在定苗前浇 2～3 次水。菜苗长起以后，要抓好中期管理，在莲座期（从团棵到长成 15～16 片叶）要追施壮苗肥，每亩* 根施尿素 10～20 千克（播种时每亩施过磷酸钙 15～20 千克）。这期间应少灌水，如无降雨则每 7～8 天灌小水一次，使土壤时干时湿；包心期要追壮心肥，以氮钾结合，每亩根施尿素 10 千克，叶面喷施 0.1% 的磷酸二氢钾溶液，以促包心紧实，这期间要

---

* 1 亩 = $\frac{1}{15}$ 公顷，下同。

多灌水,每3~5天灌透水一次,使土壤保持湿润,如遇降雨可减少灌水次数;收获期不灌水,要在采收前10天停水,使土壤保持干燥。

每年秋白菜上市之时,人们总会发现有的白菜棵里夹杂着许多皱褶退绿变白的薄叶或干叶,这种菜不论窖贮或渍酸菜,都会从菜心里腐烂,严重时得整棵扔掉,这是由于大白菜患干烧心病所致。这种生理性病害发病的主要原因是土壤中缺钙或由于钙在菜体内分配不均衡所引起,除此之外在莲座期和结球期土壤干旱而又增施氮肥过多,也容易引起干烧心病。怎样才能防治和减轻这种病害呢?必须从土壤方面着手,增施有机肥料,改良土壤结构,促进根系正常生长,增强根系的吸收功能,加快其对土壤中钙的吸收;适当增施磷、钾肥,调整氮、磷、钾三要素的比例,对预防干烧心病也有明显的效果。在包心前期往心叶里施钙,对防治干烧心病有显著的效果,也是对前期管理不善的一项补救措施,一般喷洒0.7%的氢氧化钙溶液。

而在南方主要是预防大白菜发生根肿病,这种病不论老菜地、新菜地都会发生。病株根部肿大呈瘤状,主根上的肿瘤较大而数量少,侧根和须根上的肿瘤较小而数量多。根瘤初期表面光滑,后期龟裂腐烂。发病植株生长缓慢,矮化,叶片萎垂,叶色逐渐褪黄,严重的全株枯萎,降低产量。防止根肿病可采取以下措施:①施足基肥:以施有机肥为主,因有机肥经分解后可产生一种抗生物质,白菜吸收后能增强抗病能力。每亩要施圈肥1 500~2 000千克,人粪尿500千克,肥料应开沟深施。②适施消石灰:酸性土壤易于发病,如土壤pH在5.4~6.5时发病较为严重。因此要根据土壤的酸性程度适当施用消石灰,使土壤变成微碱性。一般每亩施消石灰100~

150千克,播前均匀撒在地里。③深沟高畦:做到畦高6～9寸*,既便于排水,干旱时又可进行沟灌,一般宜灌半沟水,以使水渗至畦背湿润为宜,切忌大水浸灌。④若有病株,要及时拔除并带出田外烧毁,并在病穴四周撒消石灰,以防病菌蔓延。⑤必要时,可用40%五氯硝基苯粉剂500倍悬浮液灌根,每株0.4～0.5升;或亩用40%五氯硝基苯2～3千克拌40～50千克细土,开沟施于定植穴后再定植白菜。

15. 秋收之前咋选种

进入秋天,各种农作物相继成熟,即将开镰收获。为确保来年有好种子下地,秋收之前必须做好田间选种工作。农谚曰:"好种出好苗,好苗产量高。"那么,怎样进行农田选种呢?必须注意如下几个方面。

(1)田间选种的原则:因为每个良种都有一定的区域性,不同的地区需要选留不同的种子。首先要根据当地的气候条件和土壤状况进行选择。无霜期长、土质较肥沃、栽培水平又很高的地区,应当选留喜肥、抗倒伏的晚熟品种;土壤肥力差、易干旱且栽培水平低的地区,就要选留耐瘠薄、较抗旱的中熟品种;无霜期短、地势高燥的地区,应选留耐寒、较早熟的品种;地势低洼又多盐碱的地区,则应选择抗涝和耐盐碱的品种。其次要按着高产、抗病、适应性强等特点,确定出当地主栽品种和搭配品种,淘汰掉产量低、抗逆性差的退化、不纯的品种。

---

*1寸=$\frac{1}{30}$米,下同。

（2）田间选种的标准：根据当地多年的种植经验和秋季农作物的生育状况，选种时要考虑如下的条件：植株生长健壮，不倒伏，无病害，无虫伤，无机械磨损，体现出本品种的生物学特性和植物学特征，纯度高，色泽好，穗大粒多，籽粒饱满，品质优良等，只有这样的种子，来年种下去才会获高产。

（3）田间选种的方法：①玉米除株选外，还应进行棒选。由于玉米是中部优势作物，即玉米棒的中部和中下部的籽粒饱满、生命力强、而且遗传优势最佳，增产潜能大，故应选留这部分籽粒做种子。②除玉米外，所有禾本科作物如高粱、谷子、糜子、水稻等，都属于顶部优势作物，即果穗的顶部和上中部的籽粒充实饱满，发育良好，生命力强，最能体现品种的特点，并具结实丰产性较强的遗传优势，故应选留果穗的这部分籽粒做种子。③大豆等豆科作物，多属中部优势作物。有限结荚习性品种最强的遗传优势部位在主茎的上中部；无限结荚习性品种最强的遗传优势部位是在主茎的中下部；亚有限结荚习性的品种多表现为中间状态，因此在田间选种时，除选主茎外，还必须根据不同结荚习性留取适宜部位的籽粒做种子。

（4）种子含水量的大小，是决定种子能否安全越冬的重要因素。因此从田地里选回的植株和种穗，不要堆在场院里不管，而应抓紧时间分别进行晾晒，使其迅速脱水，并优先脱粒，要单打单放，拴上标签，防止混杂。种子在入库存放前，必须严格检查水分情况，不降到安全含水率以下的种子绝对禁止入库，以防发生霉烂或冻坏种子脐部，降低发芽率。一般要求入库的标准为：玉米、高粱应在 15 个水（含水量为 15％，下同）以下；谷子、糜子要在 14 个水以下；水稻及豆类作物以不高于 13 个水为宜。

16. 霜和霜冻是一回事吗

谈到霜冻,人们很容易与霜联系起来,其实它们并不是一回事。通常,当地面或近地面空气温度下降到0℃以下时,近地层空气中的水汽就在地面和地面物体表面直接凝华成白色的像冰屑一样的晶体,这种结晶物就叫做霜。而霜冻是农业气象灾害之一,是指在农作物生长季节里,土壤表面或植物冠层附近的温度短时间降到0℃以下,并使作物受害的降温现象,作物受害或者死亡的温度。有时出现霜冻时,不一定伴有白霜,人们称之为"暗霜"或"黑霜",群众又叫"哑巴霜"。

霜冻一般是从当年秋季开始发生,到第二年春末终止,这一段跨年度的时间称为有霜期。秋季第一次出现的霜冻,称为初霜冻,也叫早霜冻;春末最后一次出现的霜冻称为终霜冻,也叫晚霜冻。从春季晚霜冻以后到秋季早霜冻之前这一段时间称为无霜期,也就是农作物的生育期。东北的无霜期较短,仅能满足农作物生长的天数,所以当气候条件稍一失调,就会使农作物遭到霜冻的危害。

春季晚霜冻出现得晚,会推迟作物的播种日期,延迟出苗时间。即或出苗,也往往有冻伤幼苗的现象,造成补种或毁种,降低作物产量。秋季早霜冻出现得早,危害更大。在晚秋,通常人们只注意局部的、明显的作物贪青晚熟现象;而那些大面积的、不明显的、因受霜冻影响而使籽粒不饱满、千粒重降低所造成的减产现象,则往往不被人们所察觉。实践证明:凡是秋季霜冻出现较晚的年份,如果没有其他自然灾害影响,则庄稼长得好、籽粒饱满,实际产量高于预估产量;反之,凡是秋季霜冻出现较早的年份,因为庄稼籽粒成熟度差,水分大,实际产量低于预估产量。晚秋的严霜,往往伴随大雪同时出现,不仅影响庄稼的收割,降低粮食产量,而且给保管造成困难。这种霜冻,对秋菜的危害很大,不但使蔬菜遭受损失,降低产量,而且影响窖贮。

霜冻对农作物的危害,因作物种类、品种的抗寒性能、植株发育情况以及霜冻的持续时间等的不同而有轻有重。如:同是0～－2℃的轻霜,对小麦和油料作物就没有影响,而瓜类作物就忍受不了。谷子、玉米、高粱和水稻等作物的抗寒性能也较弱,仅能抵抗－1～－2℃的低温,所以遇到超过－2℃的严霜,它们也同样受害。就是同一种作物,由于发育期不同,其抗寒能力也不一样,一般出苗和成熟期,均比抽穗和开花期的抗寒能力强。持续时间长的霜冻比持续时间短的霜冻所造成的危害就要严重得多。

17. 咋样预知霜冻的来临及如何防御

霜冻的产生与气象条件有着密切关系,要判断哪天会下霜,就要根据当地的天气情况和地理条件进行分析和推测,下面介绍几种经验方法供参考。

一看天气情况。在降霜后,如果白天刮偏北风,而在傍晚风停了,且天空晴朗少云,则下半夜就有可能有霜冻出现。

二看地面干湿情况。如果连日晴天,地面干燥,近地层气温得不到土壤温度的调节,降温较快,霜冻必然出现得早;反之,则出现得晚。

三看露水的大小。在晴朗无风的夜晚,如果没有露水或露水很小,温度有继续下降的趋势,凌晨就有可能有霜冻出现;反之若露水很大,会放出潜热,可以抑制气温下降,则一般不会很快发生霜冻。

另外,要预知当天夜里会不会发生霜冻,还可以用温度计

(或温度表)进行观测。其方法是把温度计(或温度表)水平放在准备好的物体上,当太阳落山时开始观测,若每小时温度下降1℃以上,后半夜晴朗无风,则天亮前就可能出现霜冻。如果没有温度计(温度表),也可以将一块无锈的铁器(如铁锹、斧头等)放在比较低洼的田地里,当看到上面凝霜时天气仍然晴朗无风,则表明大约1小时后将要有霜冻发生,应当尽快采取措施,作好防霜冻准备工作。

防霜冻通常有以下几种做法:

灌水法 在霜冻降临的前一天(以冷空气过后而霜冻还未发生时为最好)向田里灌水,既能增加空气温度,又可减少辐射冷却,使夜间农作物的叶面温度比不灌水的提高1~2℃,从而避免霜冻的发生。

喷水法 这种方法,除起到灌水法的作用外,还由于喷到作物叶片上的水滴,遇到低温结霜时,能放出潜热,也会控制气温的下降,阻碍霜冻的发生。

覆盖法 在霜冻降临前,把怕霜打的作物用席子、草帘子或塑料薄膜等覆盖好,可起到保温防霜的作用。这种方法效果很好,但只适用于小面积防霜。

熏烟法 这是一种简便易行适用于大面积防霜的方法。在预测到霜冻来临的前一天或数小时,在田间准备好燃烧发烟物体(选用发烟大、燃烧时间长的枯枝、落叶、木糠或半干的杂草)每亩地设烟堆4~6个,放在地块的四周,有风时则放在上风方。点火的时间不能太早也不要太晚,当气温降到比霜冻指标高1℃时开始点燃为适宜。并使烟幕持续时间长一些,一般应以太阳出来后气温开始回升时为止。这些燃烧物产生的烟幕,可降低地面的辐射冷却作用,防止地面热量的扩散。同时,这些发烟物燃烧之后,还能释放出一些热量,提高空气的温度。另外,由于烟幕是由许多微粒组成的,这些微粒可以吸湿,使空气中的水汽在微粒上凝结,放出潜热,从而避免霜冻的形成。

施肥法 在霜冻来临前3～4天,在田地里施上厩肥、堆肥、草木灰等暖性肥料,一方面提高地温和土壤肥力,另一方面使作物生长旺盛,增强机体抗寒能力。霜冻过后对受冻伤的作物不要打叶、割茎,而要及时进行追施肥料、浇水、松土等管理,并注意及时喷药防止病害发生。有条件的农户,可适当喷施叶面肥,增强植株的抗寒抗病能力。

冬 藏

18. 寒冬飞雪兆丰年

到了冬天,自然界变得分外宁静。北国大地冰覆雪盖、玉树琼枝,好一派壮丽的风光!远眺峰峦镶银点翠,近望村镇披散金光;滔滔江河结成玉带,广袤田野铺上白毡。这便是冬雪的风采,把祖国的河山装扮得如此秀美壮观。

初冬与隆冬

"岁暮阴阳催短景,天涯霜雪霁寒宵。"(杜甫《阁夜》)冬天,根据气温的变化和物候的表现,通常分为初冬和隆冬两个时段。一般以候温,即五天的日平均气温降到 10 ℃以下时,称为初冬。此时在物候上从北风乍起,树叶脱落,野草衰枯,到北雁南飞,雪花飘舞,河面结冰……这些都是初冬的标志。俗话说:"立冬封地,小雪封河。"指的就是初冬。当候温稳定在 0 ℃以下时,便开始进入隆冬了。此时的物候现象是天寒地冻,滴水成冰,朔风刺骨,呼气结霜。特别是到"三九"前后,气温最低,正是农历腊月初,所以人们说:"腊七、腊八,冻掉下巴。"这就表明了隆冬的气候特点。

从初冬到隆冬,通常要经历一个月左右的时间,但由于每年北方强冷空气南下(寒潮)的早晚和强弱的不同,初冬的早晚和长短也不尽一致,最早时在霜降前来临,最晚可推迟到立冬过后出现;长时可达 70~80 天,短时则 10 多天。

降雪与农业

"忽如一夜春风来,千树万树梨花开。"(岑参《白雪歌送武判官归京》)寒冬腊月里,最壮观的就是那晶莹的雪花漫天飞舞的景象了。片片雪花,像银色的花瓣,从空中缓缓飘落,纷纷扬扬,似柳絮,如鹅毛,千姿百态,随风飞舞。不一会儿,就展现出琼楼、玉树、银山,天地间一片洁白,整个大自然都成了冰晶的世界。

在我国,降雪的地区比较广,但能够"积雪"的地区并不太多。因为接近地面的气温,如若不降到0℃以下,雪是很难积而不化的。而"积雪"一旦形成,即使气温有时稍高于0℃,也仍然不会融化了。所以,只有"积雪"才能把大自然赐予人们的降水,保留到来年的春天。因此,积雪与农业有着极为密切的关系。第一,田间积雪是一个天然的覆盖层,可以有效地抑制土壤水分蒸发;雪融化时,雪水渗入土壤中,增加了土壤的水分,对冬小麦、冬油菜等作物生长十分有利,且能够满足作物返青后对水分的需求,起到蓄水抗旱的作用。对于干旱地区来说,储雪保墒是抗旱的有效措施。第二,积雪能够起到防寒保暖的作用。刚降到大地的雪松软,空隙多,空隙中的空气是热的不良导体,从而使土壤中的热不易散发,同时还阻止了寒气侵入土壤,从而保护农作物免受低温的侵害,使作物安全越冬。第三,积雪能给作物提供养料,不但可使埋在雪下的枯枝落叶和杂草腐烂分解,变成很好的有机肥料,而且在降雪过程中,雪片在空中能吸附大量的游离气体,通过化学反应,生成氮化物。融雪后便增加了土壤中的含氮量。第四,积雪可以冻死土壤中和根茬里的害虫和虫卵,从而可减少害虫的发生,减轻对作物的危害。第五,降雪可清洁空气、减少灰尘、消除噪音,而在降雪时可把空气中的病菌压到雪下,使它们难以生存,减少人类疫病的发生。总之,积雪可保蓄土壤水分、提高地温、增强地力、消灭害虫及减少疫病流行,不仅为农作物生长发育创造有利条件,而且对人畜保健也是非常有益的。可见,群众中流传的"小麦盖上被,枕着馒头睡"和"瑞雪兆丰年"等农谚,是有一定的科学道理的。

19. 冬贮葡萄的保鲜技术

葡萄是一种营养丰富的水果,并有一定的药用价值,经常食用可以强筋壮骨、益寿延年。但在北方寒冷地区,葡萄成熟期多集中在8~9月,采收时间比较集中,市场供应期限短促。为做到延长供应,可对葡萄进行土窖冬贮保鲜。

葡萄鲜果贮藏的原理是通过调温、保湿、降低呼吸、控制真菌感染,以达到保鲜的目的。这里是通过气调法来实现的。气调法的理论根据,是利用二氧化碳气抑制鲜果的呼吸,从而减少营养和水分的消耗。具体要求,就是使空气中的氧气含量从20%降到8%,使二氧化碳含量从1‰上升到10‰。为达到这个指标,可利用无毒塑料食品袋装果封口,通过葡萄自身的呼吸作用,使袋内氧气含量不断降低,而二氧化碳含量则逐渐升高,当达到上述指标时,果粒便进入休眠,以后只要控制好适宜的温度,即可以长期贮存了。

具体做法:葡萄采收前,应首先挖好窖。窖一般宽2.0米,高2.5米以上,长则以贮存量的多少而定。并同时准备充足的无毒塑料食品袋,规格最好选用20厘米×25厘米的,过大则袋内温度不易下降,过小则装果量又太少。采收时要选择晴好天气,在无雨、无露水的情况下于日出前进行。因为雨天或露水过多,果粒间水汽太大,不仅会降低甜味,而且也不易贮藏。采前必须认真检查每一个塑料袋,不能有漏气的地方,然后选择无病虫害、无机械损伤的果穗,用左手提起穗柄,右手持剪刀先去掉破裂粒后再贴穗柄基部剪下。最好随剪随装袋,以免水分耗损,但不要装得太满,要留有足够空隙,等把袋内空气排净后立即封口。如果当时窖温过高,不能直接入窖,则要在空房里避光暂存几天,使室温保持在4～6 ℃进行预冷。待窖温降到5～6 ℃时便可入窖。把葡萄袋按顺序挂在事先吊好的木杆(要经过消毒)上,袋与袋之间要留有很小的距离,不要互相碰撞,以防止挤伤果粒,造成腐烂,影响贮藏保鲜的效果。

在刚入窖时要敞开窖门,并经常检查窖内的温度变化情况。到"三九"天以后再封好窖门,利用通气孔控制窖内的温度,使之保持在0 ℃左右,葡萄便处于休眠状态,则可安全越冬了。

20. 怎样贮藏大白菜

冬季,许多农家都喜欢贮藏大白菜,那么应该怎样做呢?

入窖前的管理

(1)晾晒:白菜收获以后,应晾晒3～5天,晾晒时,要使菜根朝向阳面,晒1～2天后再把靠地面的一面翻过来,使两面都能晒好。

(2)预贮:预贮也叫困菜。刚刚经过晾晒的白菜,由于当时气温尚高,一时还不能入窖,可临时摆放在仓房里,或一棵挨一棵地立在庭院的一角。方法是:把后一棵的外叶搭在前一棵的心叶上,上面再用秸秆盖好,遇到雨雪天气时,可用塑料薄膜蒙在上面,好天时揭开。存放期间应勤检查,既要防止受冻,也要避免烧热。

(3)整理:入窖前要对准备贮藏的白菜,进行一次认真的挑选和修理,将有病的、裂头的、包心不充实的全部清除去,再把下窖的白菜外层黄叶、烂叶撕去,并留有健壮的菜帮,以保护心叶免受损伤。

(4)适时入窖:入窖的时间既不要过早,也不要太晚。一般在11月上、中旬,立冬前,当日平均气温降至零下3℃至零下5℃时比较适宜。

贮藏期间的管理

(1)适宜的温湿度:白菜在贮藏过程中,必须保证有适宜的温度和湿度,温度一般以零下1℃至0℃较为安全。湿度也要合适,窖内相对湿度以保持在80%~85%为宜。

(2)窖内码菜和垛菜:在较大的菜窖里,可事先钉好分层菜架,使白菜上架贮藏,每层留一定的空隙。若窖小,无需设菜架,可在窖内码菜贮藏。方法是:先在底层摆上秫秸,使菜不挨地面,上面用木棍或葵花秆分层,使其整齐并有孔隙,既能防止病菜互相传染,又有利于通气而使垛内的热量得到散失。

(3)按季节分期管理:白菜在窖内存放时间较长,不同时期要采取不同的管理措施。

贮藏前期:从立冬到大雪这一阶段,晚上要敞开窖门和通气孔,充分利用夜晚的冷凉空气调节窖温,尽快使窖温稳定在0℃左右。白天要关闭窖门和通气孔,以防窖内温度升高。此期间要勤检查、勤倒菜,一般5~7天翻倒一次。

贮藏中期:从冬至到立春这一阶段,天气较冷,必须做好窖内的防寒保暖工作,把窖门关好,并用草帘或棉被遮盖,通气孔也要塞严。

贮藏后期:立春过后,由于气温回升,窖内温度也随之升高,白菜极易腐烂,是冬贮菜的关键时期,要注意晚上放风,加紧倒菜和择菜。还应防止春寒侵袭,注意保持窖温的稳定。

21. 种子的贮藏与管理

作物种子是农业生产的基础资料,农谚曰:"好种出好苗,好苗产量高。"说明优良品种具有一定的增产潜能。因此,在冬季必须采取科学的方法贮藏和保管好种子,这在农事上是非常重要的。种子入库前要清净仓库和仓具,有条件的话可要进行消毒处理。并做到一个品种一次彻底清净,防止其他品种种子混入。对种子,入库前首先要确定其纯度,纯度高才能获得高产,取得好的经济效益。

其次要保证种子的净度,净度是指种子清洁、干净,其他植物种子和杂质的含量低。种子净度高,贮藏就比较安全,如果种子中杂质含量多,就容易吸湿或使有害微生物大量繁殖,会引起种子发热、霉变,造成种子生活力下降甚至完全丧失。

种子入库后,要使它能在贮藏期内不丧失生活力,不变质,不遭受意外的损失,关键在于注意妥善的管理。

(1)装种子的容器:要选用无磨损、透气性能好的麻袋、布袋或编织袋,一定不要使用不通气的塑料袋或大缸装种子。因为种子是有生命的,在冬季贮藏期间虽然处于休眠状态,但是呼吸作用尚未停止,用塑料袋或大缸装种子,就妨碍了容器内部空气与外界的交换,影响种子呼吸,降低发芽率。如若种子含水量较高,水分不易散发出去,会使种子发霉变质,失去做种价值。

(2)种子的存放:装种子的麻袋、布袋或编织袋,都不可直接放在地面上,以防受潮降低种子发芽率。要用砖或石块把木板垫高40~60厘米,再把种袋放在木板上。对于存放在房顶或庭院的玉米种穗,顶部要用塑料薄膜或油毡纸盖上,以防被雨雪淋湿,造成返潮坏种。如果是同一作物的几个品种在一起存放,必须拴上标签,以防造成种子混杂,影响使用。

(3)注意管理:种子库房最好要远离厨房,如果是和厨房相接,必须把门封严,以防做饭时的烟气串入库房。种子若长时间被烟气熏蒸,不但会降低发芽率,而且即或发芽和出苗,也会因长势纤弱而易生病。同时,不要把农药和化肥与种子混存一室。因为有些农药和化肥有一定的挥发性,特别是碳酸氢铵,在常温下就会分解出氨气,氨气一旦钻进种子胚里,会使种子丧失发芽力。农药也很容易污染种子,降低发芽率而造成瞎地。

(4)如遇秋季低温,作物贪青晚熟,种子成熟度不太好,水分含量较高的种子,最好采用在居室内保管。放种子时不要靠墙或贴地,底下要垫起30～60厘米高,要避光通风,保持室内干燥,并应经常检查,以防发霉和变质,影响发芽和出苗。

22. 化肥的贮藏与保管

每年冬季农民手中都贮存有当年剩余或为来年春播购进的化肥,有些人不懂得化肥的性质,忽略了科学管理,任意堆放,不但降低了肥效,而且容易发生危险。各种化肥都有不同的特性,有的呈酸性或碱性,有的有腐蚀性或毒性,有的极易吸湿结块,有的又易挥发遗失,还有的易燃易爆。为此,必须根据各种化肥的不同特点,采取妥善的贮存方法,避免变质或降低肥效。

(1)不同种类的化肥在库房中要单存单放,拴上标签,注明名称和化学成分,一定不要混堆混放。硫酸铵、碳酸氢铵、氯化铵和氨水等铵态氮肥,遇到草木灰、石灰和石灰氮等碱性肥料时,容易造成氮素挥发,降低肥效;硝酸铵、硝酸钠等硝态氮肥与过磷酸钙混放,会使肥料潮解,引起硝态氮逐渐分解,变成气体跑掉,造成不应有的损失。

(2)密封保存,防止挥发:硫酸铵、碳酸氢铵、硝酸铵等一些氮素化肥,由于性质极不稳定,在贮藏过程中容易分解挥发,降低肥效。因此,对这类化肥应采用不透气的塑料袋或其他密封耐腐蚀的容器贮藏。

(3)化肥在库房里要选干燥地方存放,防水防潮:化肥一般都易溶于水,受潮或沾水后极易结块或化成液体流失掉,严重影响肥效。硝酸铵、碳酸氢铵等化肥有很强的吸湿性,极易潮解;硫酸铵、氯化铵、尿素等化肥吸潮后会结成硬块,既降低肥效,又给施用带来麻烦。因而在贮存保管期间,一定要注意保持干燥,并防止弄破袋子。另外,存放时不要靠墙和贴地,并且要用木板垫起来,一般垫高30～60厘米,同一种化肥也不要堆得太高。

(4)化肥要存放在低温避光的地方:氮肥怕热,遇热后氮素会变化氨气跑掉,降低效力。特别是硝酸铵又易燃易爆,绝不要同汽油、酒精或硫黄等易燃物品混放在一个库房里,以免发生事故。石灰氮有毒,受潮后体积会膨大,放出毒气,遇高温还会引起火灾或爆炸,所以必须注意安全。

(5)口粮、种子、饲料以及荪草等不要与化肥同放在一个库房里,以免变味、变质或食用后引起中毒。另外,化肥或多或少都有腐蚀性,对贮存容器一定要严格选择。

23. 冬季役马的使役与管理

使役 进入冬季,气候寒冷,冰雪铺路。骡马拉车时四蹄容易打滑,使役时要分外小心。对于经常使役的牲口必须挂掌,挂上掌的牲口走路踏实,拉车也能使上劲,可以避免意外事故的发生,较为安全。

饮水 冬天比较寒冷,骡马在繁重的使役之后,大量出汗,需要补充水分,但在体温尚未恢复正常时不能立即饮水,要先让牲口打打滚、消消汗再饮水。另外,使役后的牲口口腔较为干燥,要先饮水后喂饲料,不饮水就喂饲料不利于咀嚼及消化,还容易引起马患胃肠痉挛或感冒。通常情况下,一天要饮3~4次,水温以15~18 ℃为宜。饮水时不要让牲口喝得太急,俗话说"饮马三提缰,不可一气饮光",要让骡马慢慢喝足。

喂饲 由于牲口年龄不同,体质和牙龄情况也不一样,所以采食有快慢的差异。如果不同年龄的牲口混在一起喂养,容易发生饥饱不均,出现壮马越养越壮、弱马越养越弱的现象。因此,应该按年龄、强弱和公母等不同情况,区别对待,对老、弱、幼、孕者要精心照料。俗语道:"寸草铡三刀,无料也上腰。"意思是草要铡短,料要磨细,以利消化吸收。根据牲口消化和采食情况,可实行先草后料、少喂勤添的办法。也可采用"草拌料"的方法,按先粗后精、分批投给的原则进行喂饲,不要使牲口槽中有剩草剩料。每天可喂4次,即早、中、晚和夜间各一次,特别是夜草极为重要,有句俏皮话说:"人不得外财不富,马不喂夜草不肥。"冬季夜长,更要加强夜饲。中午应多喂些精料及适量的粗料,这样可以减少采食时间,使干活的牲口得到短暂的休息,以恢复体力,便于下午继续使役。对不干活的牲口可多喂草少添料,喂后放出去遛遛,便于以后使役。

补盐 农谚曰"养马要淡盐",特别是干活的牲口喂饲时必须给盐,一般成年骡马日喂盐量为30~50克,幼驹为15~20克。可将盐混在精料内,也可用水溶化后掺入粗料中补给。

防病 到隆冬时节,必须加强牲口的喂饲与管理,尤其是干活的牲口若不注意喂养,很容易发生结症(肠道被粪便堵住了),应及时防治,确保牲口安全越冬。特别是在使役后要防止受寒风和潮气侵袭而发生风湿症。这种病因侵害的部位不同,症状也不一样。有的头颈僵直不屈,叫做低头难;有的背腰强拘、板硬,伸腰困难。得上这种病,很难治好,容易造成废役。因此,必须注意预防以减轻和避免发病。具体办法是:①加强管理,适当保温。在寒冬的夜间,尽量不露天喂养,如果没有马棚,天冷万不得已时,可在马骡的腰背部盖上鞍垫或麻袋,防止受风和着凉。②合理使役,减少出汗。在出车使役时,应注意掌握行进速度,避免扬鞭一溜烟,造成车停马骡一身汗的做法。御车后,为防止寒风对马骡的侵袭,要先遛遛马,让马打个滚儿,消消汗再拴槽喂饲。③马厩(圈)地面要经常保持清洁干燥,若地面过分潮湿,马骡卧地容易受寒。拴马的圈墙不要有透风的窟窿,以防止贼风对马骡的侵袭,避免使役马骡患风湿症。

24. 冬季耕牛的饲养与管理

到了冬天,多数耕牛经过夏秋农忙季节的使役,体力都消耗很大,在冬季若不加强饲养管理,体力很难得到恢复,将会影响来年的使役。或由于过分瘦弱过冬困难,在寒冷时节造成死亡。所以冬季必须抓好对耕牛的饲养与管理。

抓膘贮草 耕牛除了在秋季白天放牧抓膘外,还可以用农作物秸秆作为补充饲料,在晚上让其吃饱,使耕牛增膘复壮,为过冬打好基础。冬季的抓膘也不可忽视,冬季必须贮备足够的饲草,保证耕牛安全过冬。贮备饲草的数量,可按每头耕牛 1 400～1 800 千克计算。饲草品种除秋季打的牧草外,多以玉米秸、大豆秸等农作物秸秆补足。

补料饮水 由于冬季寒冷,能量消耗较多,耕牛只吃饲草和秸秆是不行的,必须补充适量的玉米粕、豆饼等精料,才能满足营养需要。精料补饲量以每头牛每天0.5~1千克为宜。对于瘦弱的耕牛,精料量要适当多加一些,对怀孕母牛再另加骨粉、贝壳等矿物质饲料和胡萝卜、大麦芽等维生素饲料,以保证胎牛吸收到丰富的营养。另外,应给耕牛饮温水和补加适量的食盐。由于耕牛冬季多以干草为主要饲料,因此必须保证有足够量的饮水,一般每天饮水2~3次,饮水量以当次饮完为宜。同时要防止饮冰雪水或采食带冰雪的饲草。

防寒保暖 牛舍要选在背风向阳处,有条件的农户可用砖或土坯砌上围墙。一般多设围栏,但入冬后要在围栏外设上风帐,防止北风侵入圈内,并要经常清理粪便,既避免圈内潮湿或结冰,又可积攒一些肥料。进出圈舍应注意把圈门关严或用草帘挡风,以防耕牛着凉患病。

细心管理 在冬季,耕牛入舍饲养时间较长,一般都有5~6个月的时间。在喂饲时,饲草要铡细,料要粉碎,少添勤添,保证牛吃饱吃光。切忌喂饲发霉饲草和变质饲料,以防耕牛中毒或患肠胃炎等疾病。并注意要勤垫圈、勤起粪、勤打扫、勤换草,保持牛舍清洁、干燥,并应注意经常刷拭牛体保持清洁,以免发生牛皮癣或其他疫病。

合理使役 耕牛在使役前,应当喂饱并让它有一定的反刍和休息的时间,不要刚喂饱就拉去使役,因为吃下去的饲料要经过充分反刍才能将营养物质转化为能量。有经验的使牛人,很注意使役的技巧。在使役时由慢到快,让牛有一个适应的过程,工作起来才能越干越有劲。经过一段紧张劳动后,再让牛慢一点干活,使牛有个喘气和休息的机会。若只顾让牛干活,容易使牛疲劳,还会把牛累伤,容易生病。尤其对母牛的使役更应该注意适当。配种后一个月内,不宜干重活,怀孕后特别是9~10个月后,胎儿在母体内生长很快,母牛腹部胀得很大,很容易受震动,在此期间不应干太重的活,以免发生流产,造成不必要的损失。

坚持运动或放牧 应充分利用晴暖天气,让耕牛进行适量户外运动,以出潮气,散火气,促进新陈代谢,增强御寒能力,若有放牧条件,应坚持照常放牧。户外活动时间长短,要视天气条件灵活掌握。

25. 冬季生猪的管理与喂养

冬季天气寒冷,育肥猪增膘较慢,克郎猪(架子猪,半大猪)饲养不好很容易掉膘,母猪管理不善容易流产,仔猪更容易得病死亡。因此,冬春季节尤其要加强生猪的管理和喂养。

防寒保暖 正常情况下,猪所必需的适宜温度是 10～20 ℃,如果气温过低,猪就会加快新陈代谢来增加热量,以维持正常体温,从而消耗掉大量营养,猪体迅速消瘦。如果猪舍内湿度过大,猪本身散失热量又较多,猪就会感到寒冷,食欲降低,影响消化吸收,削弱抵抗力。为此,防寒保暖很重要。为防止贼风侵入圈舍,要堵好墙缝和漏洞,封闭门窗,另外舍顶可铺上秸草,猪盘里多垫些干草,以增强保温效果。

防潮保干 为使圈舍干燥保温,除勤换垫草外,还要让猪定时撒尿排便,一般在起床后、每次喂饲完及临睡前,都要让猪在圈舍外屙尿,防止尿盘,弄湿垫草。如经常让猪卧睡湿盘,会使猪毛变黄而憔悴,弓腰屈体,生长停滞,发育受阻,变成僵猪或得病死亡。使猪养成定时定点排泄粪便的规律后,不要轻易打乱,以保持圈舍的清洁和干燥。这样既可大大减少圈舍内湿度,又能减轻清理圈舍的工作量。

科学喂饲 ①配合饲料:喂猪的饲料要科学搭配,避免单一喂食,饲料中所含营养成分要合理。饲料成分中碳水化合物要占饲料总量的70%,粗蛋白占15%～30%,矿物质占2%～3%,同时还应注意钙、磷的比例。②定时饲喂:喂猪要有固定的时间、次数和数量,猪比较贪食,长期定量,便会使猪养成习惯,以保持旺盛的食欲。要经常观察猪的摄食和消化情况,如因天气变化、发情或疾病等原因食欲发生变化,应及时增减饲喂次数和数量,调整饲料品种,增强适口性,促进食欲。③干料饮水:隆冬季节,最好采用生干料和生拌料喂猪,喂后适量饮水。不要喂稀食,以防猪抢食时把头毛和躯体毛弄湿、弄脏,结成冰霜。若冻得厉害,猪就吃不好食,回圈舍后冰霜融化,既增加潮气,又会弄湿垫草,降低保温效果。

防疫治病 冬季天气寒冷,猪很容易生病,特别是猪感冒、猪肺疫和猪瘟等这些常见病,都是由于管理不善使猪着凉受冻而促成的,因此,养猪必须搞好防疫,细心管理。

还有一种人畜共患的原虫病,叫猪弓浆虫病,更应引起人们注意,它是由猪拱地引起的。患猪以高烧为特征,常突然暴发,流行快,死亡率很高。不但危害养猪业,而且还影响人的身体健康。猫是这种病的传染源,多感染幼猪,成猪一般为隐性感染,症状不明显。病初食欲减少,病情严重时,不吃食,体温高达40℃,没精神,后肢无力,行走摇晃,喜卧,昏睡。多数便秘,少数下痢或二者交替出现。病猪的耳、颈、下腹和四肢内侧有淤血紫斑。呼吸困难,张口喘息,口流白沫,严重时窒息死亡。

防治办法:①保持猪舍及用具的清洁卫生,定期用百分之三来苏儿、百分之二烧碱或百分之十的石灰水消毒并及时清除粪便。②养猪场禁止养猫,个人家养猪圈舍也要防止猫进入,不让猫与猪饲料接触。③用磺胺类药物混在饲料中喂服,连用3～5天,可起到预防作用。发现病猪要注意观察,并要及时隔离,抓紧治疗。

农时与节气

26. 冷暖交替成四季

寒来暑往,季节更替是怎样形成的呢？每天早晨太阳从东方升起,晚上太阳在西方降落,好像是太阳绕着地球转,其实不然,太阳是不动的。地球除了有昼夜变化的自转外,它还围绕太阳沿着椭圆形的轨道不停地向前运动,这就是公转。由于地球的运行轨道不是正圆形,运转时便有一定的偏斜,致使地球上各处在一年里,从太阳中得到的光和热就不一样,有多的时候,也有少的时候,因此便出现有冷的时候和热的时候。

地球上的冷暖在不断地循环往复,便形成了春、夏、秋、冬四个季节的更替变化。那么,每个季节又是从哪一天开始算起的呢？按天文学的规定,就是以"二分"和"二至"为起算点,即春分到夏至是春季,夏至到秋分是夏季,秋分到冬至是秋季,冬至到春分是冬季。每季3个月,大约为90天。但我国人民却习惯于以"四立"作为四季的起算点,即立春以后是春季,立夏以后是夏季,立秋以后是秋季,立冬以后是冬季。也是每季3个月,不同的是:"二分二至"划分的四季比"四立"划分的四季都晚了三个节气,即一个半月的时间。我国民间还有根据月份来划分季节的,也有两种计算方法:一种是用农历的月份,即以正月初一、四月初一、七月初一、十月初一作为起算点,把正月、二月、三月作为春季,把四月、五月、六月作为夏季,把七月、八月、九月作为秋季,把十月、冬月、腊月作为冬季;另一种是用公历月份,即以3月、6月、9月、12月的每月1号作为起算点,即把3月、4月和5月作为春季,把6月、7月和8月作为夏季,把9月、10月和11月作为秋季,把12月及翌年1月和2月作为冬季。以上划分方法,从气温变化上看,都不够准确,不够客观。

由于我国幅员辽阔,地域不同,东西南北中,各地温度差异很大,所以进入每个季节的时间也不一样,当南方春暖花开的时候,北方还是冰霜满地。因此,比较客观的方法,还是按照气候学的规定,以每5天的日平均气温(候温)稳定在10 ℃以上的始日作为春季的开始。这就是凡是候温为10～22 ℃的月份为春季;凡是候温在22 ℃以上的月份为夏季;凡是候温为22～10 ℃的月份为秋季;凡是候温在10 ℃以下的月份为冬季。这种方法,各地进入同一季节的时间不同,农事活动因时而异,很受人们欢迎。

27. 季节与节气的由来及发展

古今种田,都要按照农时季节进行。掌握季节,不违农时,是农业生产最基本的出发点。我国劳动人民为了获得农业的丰收,在与"天时"的斗争中积累了丰富的经验。二十四节气,就是勤劳智慧的华夏祖先在天文、气象等方面应用于农业生产的一个综合成果。运用二十四节气安排农事,可使春耕播种、夏锄铲蹚以及秋收、冬藏等不同季节的农事活动顺利进行。在科技高度发展的今天,二十四节气对指导农业生产仍然起着极为重要的作用。

那么季节和节气是怎样产生的呢?简而言之,季节和节气是根据地球运转规律及其出现的冷、暖变化而划分的。地球绕太阳旋转的轨道称为黄道,在天穹上是个大圆圈。人们把它分成360度。由于地球绕太阳公转时,地轴与黄道间有一定程度的倾斜,使黄道和赤道不能一致,因而照到地面的太阳光就出现了直射和斜射的区别。因为太阳光照到地球上的位置不同,所以产生了冷暖变化。以北半球为例,当太阳位置在黄经0度时,阳光直射赤道,昼夜平分,气温回升,在天文上将这一天定为春分;当太阳的位置在黄经90度时,阳光直射北纬23度27分的北回归线上,此时白天最长、黑夜最短,气候炎热,在天文上将这一天定为夏至;当太阳的位置在黄经180度时,阳光直射赤道,昼夜相当,气候温和,在天文上将这一天定为秋分;当太阳的位置在黄经270度时,阳光直射南纬23度27分的南回归线上,白天最短,黑夜最长,气候寒冷,在天文上将这一天定为冬至。这四大时段的划分是在古代逐步形成的。据文献记载,在周朝时古人就已知用"土圭"测日影。那时,古人发现太阳和季节以及气候有密切的关系,根据日影长短、昼夜长短以及黄昏时北斗星在天空的位置等情况定出了春分、夏至、秋分、冬至这四大节气。到了战国时期,又增加了立春、立夏、立秋、立冬四个节气,明确了四大季节。随着社会的发展和生产的需要,节气逐渐被补充、丰富和完善起来。到了秦汉时期,人们根据农时特点把每个季节划为6个时段,全年共分为24个时段,此时,二十四节气已基本确定。

汉代《淮南子·天文训》中,对二十四节气已有完整的记载,内容、顺序也和现在使用的大体一致。为了便于形象地理解二十四节气的形成情况,我们打个比方:地球好比火车,黄道就是一条环形铁路,在这360度的环形路上,每15度设置一个车站,地球沿着铁道运行,每过一站就交一个节气。由于黄道是椭圆形的,太阳这个圆心稍偏向一方,各站相距尽管都是15度,实际路线却长短不等。冬至后,地球距太阳近,站间的距离逐渐变短,每 14 天多就交一个节气;夏至后,地球距太阳远,站间的距离变长,将近 16 天才交一个节气。

28. 节气的内容与含义

在古代,"节气"被称为"气",按阴历算,每个月内含有两个"气",在月首的叫做"节气",在月中的叫做"中气",所谓"气"就是气象、气候的意思,后来人们把"节气"和"中气"统称为节气,即沿用至今的二十四节气,分别是:立春、雨水、惊蛰、春分、清明、谷雨、立夏、小满、芒种、夏至、小暑、大暑、立秋、处暑、白露、秋分、寒露、霜降、立冬、小雪、大雪、冬至、小寒、大寒。这二十四节气与农业生产有着密切联系。随着一年四季气候的变化,农事活动的内容也相应改变,二十四节气的名称也正体现了这一点。其中,"四立"(立春、立夏、立秋、立冬)表示春、夏、秋、冬四个季节的开始;"二至"(夏至、冬至)表示盛夏和严冬已经到来,在夏至这天太阳高度角最大,古称日长至,在冬至这天太阳高度角最小,古称日短至;"二分"(春分、秋分),古称日夜分,即表明这两天昼夜相等,正好处在夏至和冬至的中间;"雨水"表明已开始有雨水降落;"惊蛰"表明气温逐渐升高,蛰伏在地下的小动物开始出土活动,故有"一声春雷动,遍地起蛰虫"之说;"清明"即气候温暖、草木繁荣、天气晴朗之意;"谷雨"即降雨量增多、"雨生百谷"之意;"小满"的含义是夏熟作物的籽粒开始灌浆饱满,但还未成熟,只是小满,还未大满;"芒种"指麦类等有芒作物成熟,夏种开始;"三暑"的"小暑"是指天气已炎热,但还未达最热,"大暑"表明已到一年中最热的时节,处暑则表明暑天结束,炎热的季节已经过去,天气开始转凉;"白露"时节气温较低,露珠较小,早晨被阳光映照后,看上去颜色像是变白;"寒露"时节气温更低,空气已结露水,渐有寒意;"霜降"表明气候变冷,开始降霜;"二雪"(小雪、大雪)表明到了降雪的时候;最后的"二寒"(小寒、大寒)指天气进一步变冷,"小寒"还未达最冷,"大寒"表明已到了一年中最冷的时节。

从二十四节气的名称和含义可以看出,它包括了天文、气候、农业和物候等自然现象。其中,反映四季交替的有"四立"、"二分"、"二至"等八个季节;反映气温变化的有"三暑"、"二寒"等五个节气;反映降水和水汽凝结的有"二雨"、"二露"、"霜降"和"二雪"等七个节气;反映物候现象的有"惊蛰"、"清明"、"小满"、"芒种"等四个节气。如果将二十四节气名称联系起来,则可以看出一年中冷、暖、雨、雪的气候变化特征及其四季的差异。这不仅反映了不同时期的物候状况,而且还反映出作物对气象条件的要求,对指导农业生产非常重要。二十四节气以往在农村广泛流传,不但家喻户晓,而且人人皆知。那时流传的节气谚语和歌谣非常多,如黄河流域的二十四节气歌:

> 打春阳气转,雨水雁河边。
> 惊蛰乌鸦叫,春分地皮干。
> 清明忙种麦,谷雨种大田。
> 立夏鹅毛住,小满雀来全。
> 芒种忙铲地,夏至无需棉。
> 小暑不算热,大暑三伏天。
> 立秋忙打靛,处暑砍麻田。
> 白露割糜黍,秋分无生田。
> 寒露不算冷,霜降变了天。
> 立冬交十月,小雪地封严。
> 大雪江封上,冬至不行船。

小寒进腊月,大寒到新年。

人们为了便于记准交节的顺序,又编成简明的歌诀:

春雨惊春清谷天,夏满芒夏暑相连,

秋处露秋寒霜降,冬雪雪冬小大寒。

每月两节日期定,相差不过一两天,

上半年来六、廿一,下半年来八、廿三。

这里的日期用的是公历,即在上半年的每个月里逢 6 日和 21 日交一个节气;在下半年的每个月里逢 8 日和 23 日交一个节气,前后相差也不过一两天。

29. 运用节气指导农事

我国古代的经济文化中心在黄河流域,二十四节气最先是在这个地区发展起来的,它所反映的主要是黄河流域的气候特点和农事活动。随着生产的发展,二十四节气很快流传到全国,各地劳动人民都按照当地的气候特点和自己的经验灵活运用二十四节气指导农业生产,并把节气、气候和农业生产的关系用农谚的形式表达出来世代相传。以农作物收获期来说,南北相差很大,但各地都有各自的相关农谚,如:

华北一带是:麦到芒种谷到秋,寒露才把豆子收。

华中一带是:麦到立夏收,谷到处暑黄。

华东地区是:大麦不过小满,小麦不过芒种。

东北地区的小麦收获期是在小暑前后,有"小麦不受二伏气"的农谚。东北地区广大农民在从事农业生产的实践中,还创造了许多适于生产实践的节气农谚。其中,反映春耕播种的有:

清明忙种麦,谷雨种大田。

清明麦子谷雨谷,立夏前后高粱豆。

反映夏锄生产的有：

> 紧赶慢赶,芒种开铲。
>
> 夏至不间苗,到秋得不着。

反映秋收的有：

> 秋分无生田,准备动刀镰。
>
> 寒露不收烟,霜打别怨天。

反映气候变化的有：

> 寒露不算冷,霜降变了天。
>
> 立冬不封地,不出三五日。

这些农谚都经过了生产实践的检验,很贴近实际。

以上这些节气农谚,反映了节气与农时的关系,对指导农业生产有着重要意义,同时也说明了各地农民在利用节气掌握农时方面,都具有非常丰富的经验。但改革开放以来,耕作制度不断改进,作物品种不断更新,各种作物对气象条件的要求,也逐渐发生改变。因此,在运用二十四节气时不能生搬硬套,要参照以往的经验灵活掌握,做到因地制宜、因时制宜、因作物种类和不同品种制宜。

30. 打春阳气转

立春,也叫打春,在二十四节气中排在首位。立,建始也。立春意味着新春的到来,标志着大地开始复苏。立春是当太阳位置在天穹上到达黄经315度时开始交节。也就是从冬至交九第一天开始计算,到五九的末尾或六九的开头,也就是冬至过后一个半月的时间,便到了"立春日",这正是人们所说的"春打六九头"的意思。

俗话说："一年之计在于春",立春这个节气在农事活动上占有重要地位。如果在春节以后打春,春脖子(从春节到清明这段时间)比较长,安排农活比较宽松;而在春节以前打春,春脖子比较短,由于天气回暖早,节气往前赶,所以农活是非常催手的。打春过后,即表明新的一年开始了,每个农户,对自己所承包的土地情况都应有个了解,去年是什么茬口,今年打算种什么?需要多少种子、还缺多少肥料?都应该有个估计,有所安排。农业科技部门,要利用春节前后的农闲时间,抓好农业技术的培训工作,把科学种田的新方法、新技术讲深讲透,达到家喻户晓,人人明白。要向科学要产量,向技术要收入,使科学技术真正成为发展农业生产的原动力。

打春阳气转,表明天气开始转暖,气温回升。但是,我们国家地域辽阔,南北气候差异很大。同是立春时节,关内大部分地区都会感受到春天的气息,尤其是南方各地,已是鸟语花香、满目青翠了。在南方,气候温和,土壤并不封冻,立春后即可安排农活。长江中下游及其以南地区要及时清沟理墒,确保沟系畅通,避免作物发生渍害。华南地区须采取有效措施防范烤烟、蔬菜等作物遭受霜冻或冰冻危害,同时应注意加强经济林果及禽畜、水产养殖的防寒保暖工作。华南南部早稻将陆续播种,各地要密切关注天气变化,抓住"冷尾暖头"及时下种。四川盆地应加强小麦锈病等病虫害的监测与防治,预防春季病虫害的发生与流行。然而,在东北尤其是北部边陲,由于地理纬度较高、气候寒冷,尽管节气到了,但冷空气仍在不断骚扰,致使大地冰覆雪盖、朔风袭人,仍然是一派北国风光。因此会有"打春别欢喜,还有40天的冷天气!"这样的俗语。这时的西北和内蒙古牧区仍要加强牲畜的防寒保暖,防御牧区白灾的发生,确保弱畜、幼畜的安全。北方冬麦区则要根据天气情况适时耙麦、中耕保墒,有条件的地区可施有机肥,以增温保墒,促进冬小麦适时返青生长。

31. 雨水雁河边

雨水,在二十四节气中,是一个反映水汽凝结现象和天气寒暖变化的节气。每当太阳的位置在天穹上到达黄经330度时(即从立春过后15天左右)开始交节。《月令七十二候集解》中说:"正月中,天一生水,春始属木,然生木者必水也,故立春后继之雨水。"因为我国古代经济文化中心是西安,二十四节气是从那里发展起来的,故在黄河流域雨水是表示开始降雨的意思。在那里,降水形式已由雪转化为雨了。而北方由于地理纬度较高,却是"雨水不见雨,还在降雪期"。虽然大地上仍然是冰覆雪盖,但是气温也已开始回升。

雨水这个节气,在公历上是不变的,每年都出现在2月19日前后,而在农历上却不固定,有时要相差十几天。雨水期间,北方日平均气温还在零下,但最高气温已达零上,中午暖洋洋,开始化冻,河边两岸出现了"沿流水"[①]的物候现象,成群结队的大雁聚集在河边饮水、觅食。俗话说:"七九河开河不开,八九雁来雁准来。"大雁这种候鸟,是根据物候的变化而南北迁徙的。每年秋天气候转凉,它们便携儿带女从北方飞到南方过冬;而当春天气候变暖,便又成群结队回到北方产卵繁殖后代,它们掌握的时间是很准确的,每当北方河流两岸出现"沿流水"时,便迎季到达。因此有经验的农民则以大雁的来去来预测农时。"雨水雁河边"这句节气歌谣,就是人们经过多年实践而总结出来的。由于这段时间北方天气逐渐回暖,开始进入备耕的大忙时节,对那些没有进行秋翻的土地,特别是谷茬、糜茬等硬茬子地块,要趁着有冻未化的时机,抓紧用拉子(农村拖茬子用的一种简单工具,用条子或树枝做成)。把茬子拖一遍,或用磙子压一压,然后把茬子拖倒压碎,这样,既能保证播种质量,又可达到抗旱保墒的效果。

在南方天气虽很暖和了,但在早春也是多变的,雨水前后一定要爱护好三茄苗(即番茄、茄子、辣椒):①天气寒冷,要加强防冻保暖,但也要注意通风换气,防止闷坏秧苗。②适当控制肥、水,防止秧苗徒长,但不能控制过分,否则会影响秧苗生长,出现瘦、小、黄的秧苗。③苗床和营养钵用的垃圾泥、栏肥、人粪等都要经过充分腐熟,不然会感染病害或引来虫害或发热烧苗根。苗床施肥不要施生肥、浓肥,使用化肥要特别注意浓度,适可而止。

雨水时节,天气"乍暖还寒",气温很不稳定,此时北方的冷空气势力仍很强盛,天气忽冷忽热,有时冷空气到来,可使河边"沿流水"复冻,甚至会出现倒春寒天气,很容易使人着凉感冒,尤其是年老体弱和患有风湿病等炎症的人,更应防范,不要一遇回暖天气就过早地减衣,要依据天气变化情况随时更换,同时还要加强体育锻炼,做到防患于未然。

注①:春天回暖以后,在开河前,河边两岸就会沿岸边流淌出来一些融化的水流,人们称之为"沿流水"。

32. 惊蛰乌鸦叫

惊蛰,在二十四节气中,是一个反映物候变化的节气,每当太阳位置在天穹上到达黄经345度时交节。所谓"蛰",就是指猖獗一年的地下害虫,在秋去冬来之时钻进土里隐藏起来,不吃不动,进入蛰伏冬眠状态,而当气温回升、天气转暖、空中有雷雨出现的时候,便从沉睡中惊醒过来,人们把这种现象叫"惊蛰"。《月令七十二候集解》注明:"万物出乎震,震为雷,故曰惊蛰,是蛰虫惊而出走矣。"俗话说"一声春雷动,遍地醒蛰虫"就是这个意思。北方虽然闻雷较晚,得到4月末或5

月初才能出现,但是此时由于气温不断升高,天气逐渐暖和,蛰眠了一冬的小动物,也都纷纷地从土壤中钻出来开始活动了。

惊蛰乌鸦叫,这是我国北方的一种物候现象。乌鸦这种鸟类对气候变化非常敏感,它们一冬天栖息在树林里,并不觅食,有人惊动时也只是互相串飞,但不鸣叫,而在惊蛰过后,大地复苏时,它们才开始鸣叫,并成群结队从树林中飞出,到田野里开始觅食,准备产卵孵育后代。乌鸦过去被人们视为"不祥之鸟",其实乌鸦也和其他大多数鸟类一样,是人类的朋友,它们主要捕食树林里和田野中的害虫,而且还捕食田鼠和野鼠。只是在食物短缺时,才觅食少量粮食。乌鸦这种益鸟对保护森林和农田里庄稼的正常生长、防止鼠疫的发生、维护生态平衡均起到了很好的作用。同时,乌鸦还非常喜食动物的尸体,对净化环境、消除污染、减少病菌的传播、防止疫病流行、保障人类的健康,也有一定的功劳。所以,我们必须改变以往不公正的看法,对乌鸦这种益鸟要加强保护,以防灭绝。

惊蛰时节,天气回暖很快,在北方春季大风开始增多,而降雨的机会却很少,促使土壤中的水分不断蒸发,这便是造成土壤失墒的自然因素。所以农谚说:"惊蛰不耙地,好像蒸馍锅跑气。"通过早春耙地,不但可以弄碎土坷垃,破除地表板结层,弥补土壤中的裂隙,而且切断了土层下面的毛细管道,阻止了下层水分的上溢蒸发,是一项抗旱保墒的有力措施。除平整土地外,还要抓紧串换和精选种子,做好发芽试验,并且要备足化肥和农药,检修好各种农机具,做好春耕播种的准备工作。

在南方惊蛰时节正是早稻育秧的时候,为夺取早稻丰收,必须培育壮秧,主要做法有如下几项:①播前晒种。晒种能促进种子内酶的活动,提高胚的生活力和种皮的透气性,从而提高种子的发芽率。②种子消毒。这是播前必做的一项防病措施,可以使早稻免遭稻瘟病、白叶枯病等的危害,减少损失。③浸种催芽。催芽是防止烂秧和死苗的重要措施,催芽的方法很多,有泥窖催芽、焦泥灰催芽、塑料保温罩催芽、木桶保温催芽等,不论采取哪种方法,都要使种子吸足水分,做到保温露芽、减温炼芽,达到根短芽壮、色白无味、发芽整齐。④做好秧田。选背风向阳、草少无病、灌排方便的地块做秧田,采取燥做水稍的方法,达到上糊下松,沟深面平。⑤适时播种。要求气温稳定在 10~12 ℃时进行。⑥合理施肥。秧田要控制氮肥,增施磷、钾肥。⑦科学灌水。以通气扎根,促进壮秧。

33. 春分地皮干

春分,古时称"日夜分",即昼夜长短相等的节气。《春秋繁露》中说:"春分者,阴阳相半也,故昼夜均而寒暑平。"因此,春分之"分"有双重意思:这一天既昼夜平分,又正好是春季(3个月)的一半。此时太阳在天穹上的位置恰好是地球绕太阳公转轨道的起始点——黄经 0 度。春分在二十四节气中,是一个反映季节变化的节气,天文学上规定:春分为北半球春季的开始。这时,我国大部分地区的越冬作物进入了春季生长阶段,所谓"春分麦起身,一刻值千金"。

春分时节,大风频吹,地面水分很快被蒸发掉。俗话说:"二八月勒马等道干",就是由这个时期的气候特点而感发的。春分这个节气,是东北气温从摄氏零下回升到零上的一个坎,这期间变温幅度较大,遇到暖流,气温骤升,可高达零上十几度,地面开始化冻;当寒潮袭来,气温又猛降,甚至能降到零下好几度,使土壤再次冻结。由于土壤时冻时化,地中水汽含量大,因此,正是早春整地的好时机,除应对秋翻的地块抢耙外,当土层化够一犁深时,便要抓紧顶浆打垄。因为这个时候土壤浆汽足,打垄后水分含量大,有利于播种和出苗,是一项抗旱保墒的有效措施。东北地理纬度较高,春时较短,全年无霜期仅有约 140~150 天的时间,虽是雨、热同季(即自然降水和太阳热辐射的配合良好,有利于农作物的生长和发育),基本上能满足庄稼的生育日数,但是每遇气候反常的年份,雨水失调,就容易遭受春旱、夏涝和秋霜冻的危害,这便是造成粮食产量不稳定的主要因素。

而在南方,特别是华东沿海地区,地理纬度较低,春来较早,这个时候天气已很暖和了。各地先后进入春耕大忙季节,抓紧翻土溶田、积肥和运肥下田,施足底肥。当地民谣曰:"惊蛰早,清明迟,春分播种正当时。"早稻前作是大小麦的,要在春分前后播种育秧,争取在"五一"前插完。冬闲地早稻播种已结束,转入秧田管理阶段,要施肥、除草,防止烂秧。单季稻田要在春分前后抢种一茬春大豆,并开始整地,播种春花生。应加强甘薯苗的管理并做好薯苗移栽繁殖工作。对大小麦和油菜要抓好清沟排渍和防治病虫害工作,要对已接近终花期的油菜,进行根外追肥,以促进籽粒饱满。

34. 清明忙种麦

清明,旧称"三月节",在二十四节气中,是一个反映物候变化的节气。当太阳位置在天穹上到达黄经 15 度时(即春分过后 15 天)开始交节,正如《淮南子·天文训》所记载的"春分加十五日则清明至。"清明时节山清水秀,气候宜人。历尽寒冬的人们,谁不想趁此大好时机去郊外观光、畅游、饱赏一番明媚的春景呢?踏春之俗,在我国由来已久,唐宋时期极为盛行。古代踏春(春游)大都进行野炊、采百草、放风筝、荡秋千、拔河等,这些民间喜闻乐见的体育活动,对陶冶性情、强身健体等都是很有裨益的。

清明属仲春,气候温暖,草木繁茂,万物峥嵘,进入了生机勃勃的季节。农谚说:"柳条发了青,赶紧把地耕。"这表明此时应该开犁种地了。古人云:"顺天时,量地利,即用力少而成功多,任情返道,劳而无获。"可见农业生产在于掌握好农时,得"时"与否,便会直接影响作物产量和收成。在北方有节气歌曰:"清明忙种麦",时序进入清明,天气回暖较快,土壤解冻,化土层可达两三寸深,正是顶凌种麦的大好时机。小麦是一种耐寒能力很强的早春作物,其幼苗期能忍受 $-6\sim-8$ ℃ 的低温,"种在冰上,收在火上"便是它的生物学特点。只要土壤温度达到 $2\sim4$ ℃,土壤湿度在 50% 左右,小麦种子就能发芽。节气民谚"二月清明麦在前,三月清明麦在后"是很好的指令,有经验的农民都懂得:清明前种麦,先扎根后发芽,根系强,长势好,能耐旱,产量高;清明后种麦,先发芽后扎根,根系弱,长势差,不耐旱,产量低。如果是农历二月清明,节气往前赶,小麦更应在清明之前种完。如若错过这上化下冻底墒好的有利时机,则因气温逐日升高,蒸发量不断加大,土壤会很快失墒,容易落干,造成减产歉收。另外,小麦还是一种喜肥作物,早在《齐民要术》中就有记载:"小麦种在薄地徒劳,种而必不收。"因此,种小麦一定要选肥沃的地块,施好底肥和口肥,方能万无一失。

而在南方主要农事活动有:棉花播种和春包谷套种,春大豆、早花生、高粱、蓖麻、向日葵等作物也开始相继播种,甘蔗移栽,春播蔬菜定植,春茶采摘,柞蚕上山,果树施催芽肥,加强早稻秧田管理,防止烂秧并注意小麦病害(锈病、白粉病)的发生与防治工作。

清明期间是冷暖空气交替的季节,由于南方暖空气势力不断加强,迫使冷空气逐渐北退。在此期间有时双方势均力敌,有时冷空气又把暖空气顶回来。在这种冷暖空气时来时往,相互矛盾冲突和经常交锋的过程中,天气不断发生变化,造成时冷时暖、时阴时晴、反复无常和刮大风的天气。在北方只刮风,无降水,正是"春雨贵如油"的时候;而在南方此时却是"清明时节雨纷纷"的多阴雨天气。人们在此期间一定要注意防寒保暖,防风防火,安全地度过这个气候多变的时节。

35. 谷雨种大田

谷雨,是一个反映自然降水现象的节气,也有"雨生百谷"的解释。每年在 4 月 20 日前后,当太阳在天穹上的位置达黄经 30 度时交节。古时候,人们通过观星辰来定节气,古书中说:"斗指辰为谷雨,言雨生百谷也。"这里所说的"斗",是指北斗七星的斗柄,"指辰"是指星辰的方向,即俗话所讲的"斗柄回南"之意,就像"布谷鸟"报春一样,它告诉人们天气转暖,雨水增多,已到了春耕播种的大忙季节。古人认为,只有不违农时耕作,才能"用力少而成功多"。他们把播种季节分为上时、中时、下时三个阶段,上时为好,中时次之,下时为不好。他们还提出"薄地要早种,良田可晚些"的耕作次序。

对农业生产来说,谷雨是一个非常重要的节气。此时气温骤升,天气回暖较快,田野间布谷鸟飞鸣,催促人们赶快播种。北方农谚云:"谷雨前后,种瓜点豆。"谷雨期间,降水量虽然比冬季有所增加,但由于气温迅速升高,蒸发量不断加大,空气干燥,往往有点降水也不等落到地面便消失了,极易发生春旱,故有"谷雨难得雨"之说,各地要争取做好抗旱播种夺全苗的准备工作,如若久旱无雨,决不要消极等待,应采取抢墒或借墒等抗旱措施,积极主动抓农时。抢墒就是要"适时早种",争取在煞浆前种完地;借墒就是要扒开土层,把种子种在湿土上,或到别处取湿土培种子,或坐水种。总之,要给种子创造出一个有利于发芽和出苗的条件。如果把种子种在干土上,等待落雨出苗,一旦日久无雨,就会落干或芽干,造成瞎地减产。

"谷雨过后杏花开,就怕晚霜来危害"这条气象谚语就是针对北方寒温带气候而言的。东北地理纬度较高,正处于"清明断雪不断雪,谷雨断霜不断霜"的地带,春来较晚,极易受西伯利亚冷空气的侵扰,致使早春气温很不稳定,容易出现晚霜冻(春天出现的霜冻)和"倒春寒"天气,给早春作物或果树造成危害。对于早春育苗地和老弱孕畜,应根据天气变化,做好防霜、防冻的准备工作。而在南方,这个时期一般有丰沛的雨水,有利于红苕栽插和早稻插秧,对棉花和玉米幼苗生长也十分有利,适于洋芋松土和追肥,应抓紧春播桑子和进行家畜的春配,要防止小麦赤霉病的发生,及时喷施磷酸二氢钾,用多菌灵和托布津也有较好的效果,并要注意防治黏虫的危害,在收获期还要避免风、雹灾害的发生。

36. 立夏鹅毛住

立夏,在二十四节气中是一个反映季节变化的节气。每年都在5月6日前后,太阳在天穹上的位置达黄经45度时交节。按节令说,立夏是表示夏季开始的意思。古书中说:"立者,见也,九十日之气,往者过而来者续,故谓之立。""夏,假也,宽做万物,使生长也。"即说明三个月的春天过去,夏季便到来了。其实不然,立夏虽然到了,但并不意味着全国各地都已进入夏季。我们国家幅员辽阔,南北气候差异很大。在关内的南方立夏之时,的确是暮春已去,新暑初回,农作物开始进入旺盛生长时期,而在塞外的北国却是立夏夏未到,春意正浓,花红柳绿,日暖风狂。有句俏皮话说:"立夏鹅毛住,石头碌子刮上树!"是有一定道理的。塞外此时正是春到夏的过渡阶段,冷暖空气活动仍很频繁,还是春天多大风的气候特点。

立夏时节,北方地区尤其是东北春风还比较大,次数也很多,致使土壤水分蒸发很快,极易形成干旱,对春播抓苗十分不利。在这个节气里,大部分地块都已播种完毕,剩余部分一定要抓紧进行,切勿错过农时。立夏初正是播种谷子的好时候,但大风对播小粒种子极为不利,要选无风或风力不太大时用礶耙(东北地区一种播种的农具)抢播。对那些跑风地,必须采取防风措施,如放任不管,势必出现籽旱或苗旱,造成瞎地。所以礶茬一定要踩好格子,扣茬也要镇压好。通过踩和压,既可防风刮,又可保墒,为种子萌发出土提供水分。农谚曰:"隔垄蹚一犁,风婆干着急。"蹚地也是一项很好的保苗措施。

除抓好大田的查苗补种外,还要加强春季造林和大牲畜配种等项工作。对已栽完的林木要注意管理好,勤检查、浇好水、加固穴坑,防止被大风吹歪或干枯死掉,影响成活率。应确保栽一棵,活一棵;栽一片,活一片。对配后未怀上和漏配的空腹母畜,出现发情要抓紧补配,争取所有母畜不空肚,以多产羊羔、牛犊和马驹,既可增加收入,又可促进畜牧业的发展。

而在南方,立夏以后气温较高,雨水较多,湿度增大。这期间的主要农事活动有:加强早稻田间管理,对早插(抛种)且已够苗的田块,要及时排水晒田,对迟插(抛秧)田要及时追肥耘田,一般亩施尿素5千克,氯化钾5千克,以促进早生快发;抢插(抛秧)中稻,力争5月中旬前把中稻插(抛秧)完。并做好水稻的病虫害防治。做好油菜和蚕豆的选种工作,适时收获。对春花生要进行查苗补种;防治棉花苗期病虫害,追施提苗肥;麦收后要抓紧锄草灭茬、治虫等项工作。

37. 小满雀来全

小满,既是反映物候变化也是反映气候变化的节气。每年都在5月21日前后,当太阳在天穹上的位置到达黄经60度时开始交节。古书《群芳谱》中述:"小满,物长至此,皆盈满也。"意思是说,冬小麦长到此时,麦粒开始饱满,但还没有成熟,亦即冬小麦进入了乳熟期。而南方地区的农谚中小满有新的寓意,如"小满不满,干断田坎"和"小满不满,芒种不管"中的"满"是用来形容雨水的盈缺,如果小满时田里蓄不满水,田坎就可能干裂,甚至芒种也无法栽插水稻,这是因为"立夏小满正栽秧"、"秧奔小满谷奔秋",小满正是南方适宜水稻栽插的季节。

到了小满,东北气候温和湿润,绿树成荫,芳草遍野,适合于各种昆虫的繁殖,给鸟类生活提供了丰富的食物资源,特别是山雀不远万里从遥远的南方栖息地飞回北方,开始产孵哺育后代。这时候,到处是鸟语花香,繁荣兴旺,一派生机盎然的景象。俗语说:"小满雀来全",就是针对这一物候现象而感言的。

小满时节,雨量开始增多,但在北方仍是"春雨贵如油"的。不过这个时候稍旱一点还是有好处的,对作物蹲苗十分有利,正如气象民谚"有钱难买五月旱,六月连雨吃饱饭"所描述的,此时北方已进入夏锄阶段,阴雨天少一点,晴天多一点,也有利于铲蹚作业的进行。如若多雨,造成草苗齐长,很容易发生草荒。节气歌谣曰:"小满暖洋洋,不热也不凉。风和日又丽,夏锄好时光。"在抓紧铲蹚的同时,水田地区还要安排好插秧工作,为了避开早霜的危害,争取5月底插秧结束,不插6月秧。只有保证水稻的生育日数,才能籽粒饱满,确保高产。另外,还应做好病虫害的防治工作,此时由于温暖湿润,正是各种病虫繁育的旺季,要备足农药,注意检查,一旦发现有病虫发生的苗头,就要立即动手治小、治早、治了,彻底消灭,切勿耽搁,以防蔓延,酿成灾害。农谚说:"不怕苗儿小,就怕虫子咬。"一定要破除"虫子咬不坏年成"的思想,坚持防重于治的观点,才能有备而无患,夺取农业的大丰收。

我们国家地域辽阔,东西南北中气候各异,同是小满这个节气,各地的农事活动却各不相同。在山西,此时易出现高温、干燥,是形成干热风的气候背景,农谚有"小满不满,麦有一险"之说,应及早作好这一灾害的预防工作。在湖北,正是收割蚕豆、小麦的时候,应加强棉花的苗期管理,早稻要适度晒田,春茶要扫尾清园、中耕除草、追施夏肥,还要做好抢播芝麻、夏大豆等项工作。在广西,早玉米、春荞麦已开始收获;荔枝、桃、李等水果初熟;早稻抽穗扬花,应追施攻穗肥;甘蔗进入伸长阶段;花生已是花针时期,应及时中耕除草、施肥培土,注意田间病虫害的发生,及时做好防治工作。在四川盆地,除边缘地区外,候温(5天平均气温)已达22 ℃以上,小麦要收割,中稻要移栽。特别是对于那些望天田和高塝田,由于集雨量小,渗漏量大,田高水低,引灌困难,因此应因势利导,趋利避害,及早改种旱作,变被动为主动,夺取粮食丰产丰收。

38. 芒种忙铲地

芒种,在二十四节气中,是一个反映自然界物候现象的节气,每年都在6月5日或6日,当太阳位置在天穹上到达黄经75度时交节。古书上记载:"芒种,谓之有芒者,麦也,至是当熟矣。"可见芒种这个节气,在古代黄河流域是指各种麦类作物的成熟时期;而在北方,此时正是夏锄阶段,个别地块由于失墒出现缺苗、瞎地现象,需要及时进行补种或毁种。俗话说:"过了芒种,不可强种。"对大秋作物来说,即便种上也恐成熟不好,很容易遭受早霜冻的危害,造成大幅度减产。所以,补种必须先进行催芽,然后坐水下地;如需毁种,应选种小秋作物,如早熟杂豆(小豆、绿豆、毛毛豆等)或荞麦等。这些作物虽然产量低,但总是可以保丰收的。

这个时候,正是各种农作物生长的旺盛时期,需水量逐日增多,而北方此时又恰是少雨干旱之际,必须搞好抗旱保墒工作。如旱田没有灌水设施,要及时铲蹚,破坏土壤板结层,防止水分蒸发。农谚曰:"芒种火烧天,夏至雨涟涟。"说明到了下一个节气,雨量便会大增,即"六月连雨吃饱饭"了。在畜牧业方面,芒种时节正是牲畜夜牧和家禽孵化的旺季。俗话说:"马不喂夜草不肥",对牲畜来说,青草是最好的饲料,特别是夜晚放牧,蚊虻较少,又凉爽,瘦马用不上一个月即会上厚膘。这个时节,由于温湿度适于害虫繁殖、病菌滋生,对牲畜和家禽要做好防疫工作。

在南方,将进入雨水充沛的梅雨时期。谚语说:"芒种入梅,大雨霏霏。"这个季节,正是江南"梅子"的黄熟时期,因为天气多雨,空气潮湿,东西容易发霉,所以在气象学上把这个多雨时期叫做"梅雨"季节,群众也叫"霉雨"季节。"芒种芒种忙忙种",芒种也是一年最忙的时节。主要农事活动有:抢时播种迟芝麻、夏玉米、夏黄豆,适时收获红花草子种,开始采摘夏茶,收好头麻,饲养夏蚕。杂交晚稻下秧,常规晚稻育秧。抓紧防治黑尾叶蝉,减少矮缩病的发生。柑橘要抹芽控梢,进行秋芽育苗。特别要加强棉田管理,做好锄草、整枝和防治病虫害等工作。到了两广和海南一带,春玉米、瓜豆、早花生相继成熟,晚稻、秋玉米、秋豆角等作物正在进入适时播种阶段。

39. 夏至无需棉

夏至,在二十四节气中,是一个反映季节变化的重要节气,每年于6月22日前后当太阳视位在天穹上到达黄经90度时开始交节。《月令七十二候集解》中说:"夏,假也;至,极也,万物于此皆假大而至极也。"表明夏至时节,各种农作物已进入生长发育的极盛阶段。在《三礼义宗》上记述,"至"含有三层意思:一以明阳气之极至,二以明阴气之始至,三以明日行之北至。由此可见,夏至便是根据地球在环绕太阳运行的轨道上所处的位置来定的,古称"日长至",这时北半球日影最短,气候炎热。因而天文学上便把夏至规定为北半球夏季的开始。

夏至是季节变化的转折点,此时太阳光直射北回归线,北半球的白昼最长,黑夜最短,光照时间也最长。纬度越高,这一天黑夜越短,白昼越长。在北极圈以北的地区,则几乎没有黑夜,所以称为"永昼",而南半球则相反。因为太阳光直射时要比斜射时照射的面积小,热量比较集中;又由于太阳光直射时穿过的空气层薄,散失的热量也较少,所以地面上吸收的辐射热也最多。因此,夏至以后天气便逐渐炎热起来了。按农历的规定,夏至后的第三个庚日便开始入伏了。在北方,到了伏天,雨水增多,草苗齐长,也是各种病虫为害庄稼最猖獗的时候。故此时也正是以夏锄和防病治虫为中心的田间管理的紧张阶段。如若抓得不紧,很容易形成草荒或使病虫害蔓延成灾,造成粮食的歉收。所以节气歌谣说:"进入夏至六月天,抓紧铲蹚莫消闲,注意防治病虫害,全年收成靠当前。"说明了夏至期间,抓好田间管理至关重要,对获取农业大丰收具有重大意义。而在南方的广大地区,各地在这个节气里的农事活动也不尽相同。在华中正是早稻抽穗期,要喷施叶面肥并加强晚稻的秧田管理。棉花要中耕除草、整枝、施蕾肥并开好棉田四沟,注意防旱防涝。抓好芝麻、夏大豆的间苗与定苗、中耕除草、防病治虫工作。这个时期正是粮棉多种病虫害发生、扩散和为害的关键期,及早防治水稻纹枯病、卷叶螟及棉铃虫、棉红蜘蛛等。在华南,气温高、雨水多,要及时抢收早熟早稻、早黄豆、早玉米等作物,搞好中稻的耘田追肥,抓好晚稻的播种和夏红薯、甘蔗等作物的培土追肥,抓好病虫害防治和防洪防涝等工作。

夏天清晨,气温凉爽,空气新鲜,含有大量的负离子,对人体中枢神经系统有良好的作用,可使人精神舒畅、心胸开阔、精神饱满、精力充沛,使一天的工作和学习效率提高。新鲜空气中的负离子,还能促使人身体细胞的代谢能力,增强人体的免疫功能。

40. 小暑不算热

小暑,在二十四节气中是一个反映天气炎热程度的节气。每年7月7日前后,当太阳视位在天穹上到达黄经105度时交节。《月令七十二候集解》中说:"暑,热也,就热之中分为大小,月初为小,月中为大,今则热气犹小也。"表明小暑是反映天气炎热程度的节气。节气歌谣曰:"小暑不算热,大暑三伏天。"指出一年中最热的时期已经到来,但还未达到极热的程度。

小暑时节,东北大部分地区的日平均气温都在 20 ℃ 以上,雨量充沛,而且集中,群众中流传着这样的顺口溜:"小暑快入伏,天热雨水足,经常下大雨,防汛莫疏忽。"所以这个时期,在农事活动上除继续抓紧铲蹚和病虫害防治外,要把防洪排涝工作放在首位,检修水库堤坝和疏通沟渠,防患于未然。在雨季到来之前要抓紧追肥,拿起大垄,增强抗洪能力。此时,小麦已进入抽穗扬花阶段,俗话说:"小麦不受二伏气",要做好麦收的准备工作。在畜牧业方面,这个时节天气尚未太热,蚊虻也不算太多,正是牲口抓膘的好时候,对闲散牲畜要进行放牧,役畜也要夜间喂草加料,常言道:"人不得外财不富,马不喂夜草不肥。"

在小暑这个节气里,由于气温高、天气热、雨水多,既是农作物生长发育的旺盛时期,也是病虫害繁殖和蔓延的高峰期,在此期间又是农户使用农药最多的时候。因为高温炎热,极易引起农药中毒,为了减少和杜绝中毒事故的发生,在田间施药时必须注意天气对药物的影响和保证人畜的安全。为此,施药人员在施药时要严格遵守操作规程。施药时要穿长衣长裤,戴好口罩和手套,不能吃东西,不准吸烟,在顺风时可隔行施药。操作完以后要立即洗手、洗澡、更换衣服、清洗施药机械,并在田头设标志,既防止人畜进入,又可免得在短时间内重复用药。为防避雨露、风、阳光和高温对农药产生降效的影响,要根据病情和害虫的活动规律,抓好晴好天气的上午 10 点钟前和下午 3 点钟后这两段时间进行田间施药。这样不但防病治虫效果好,而且又确保操作人员的安全。

在华南,小暑节气正进入夏收夏种的大忙阶段,早稻陆续成熟,又是雨季,应抢晴好天气收割晾晒,以免稻谷发芽霉烂。晚稻已是旺盛生长期,要做好秧田的管理工作,施好催粒肥。甘蔗正是膨长期,要及时施肥,进行大培土和防治病虫的发生。四川盆地正是大雨频降时期,应抓紧对大春作物的田间管理,锄草、中耕、追肥,要充分利用此时日照长、气温高的有利条件,促进作物旺盛生长,形成产量。对于成熟的早稻和玉米要及时抢收;对夏玉米要做好中耕培土,防止大风暴雨造成倒伏;晚稻要力争早栽,以避免秋季低温危害,减少损失,丰产丰收。

41. 大暑三伏天

大暑和小暑一样,也是一个反映天气炎热程度的节气。每年 7 月 23 日前后,当太阳视位在天穹上到达黄经 120 度时开始交节。古书中解释:"小暑后十五日斗(北斗七星的斗柄)指未为大暑,六月(农历)中。小大者,就极热之中,分为大小,初(指初一)后为小,望(指十六)后为大也。"说明大暑正值中伏前后出现,是东北一年中最热的时期,也是农作物生长发育最旺盛的阶段。

小暑到大暑期间,气温逐日升高,进入暑天。从暑伏开始到末伏,共计 30~40 天的时间,称为伏日,也叫"伏天"或"三伏"。分为初伏(也叫头伏)10 天,中伏(也叫二伏)10 天或 20 天,末伏(也叫三伏)10 天。这段时间,特别是中伏到末伏温度尤高,故有"热在中伏"的说法。人体的生理活动与外界环境条件有着极为密切的关系。在气温 18~28 ℃的环境中,人体的热量有约 2/3 是靠皮肤辐射、对流和传导散发出去,约 1/3 由皮肤出汗和肺呼吸排出,少量由饮食和大小便散失。

而在盛夏,特别是气温高于 30 ℃时,人体的热量主要以出汗这种方式排放。但由于盛夏的气温高、湿度大,汗的蒸发很困难,体内热量不易散发,因而使人感到气闷不爽,以至出现各种不正常现象:暑热使人的神经反射变得迟钝,精神不振,注意力不集中,容易疲乏,工作效率降低;暑热使人的兴奋性增强,出现烦躁不安,以及昏晕、头疼、失眠等症状;暑热使人的消化液减少,胃肠蠕动减弱,影响食物的消化和吸收,暑热还会造成食物的腐败,使苍蝇、蚊子和病菌大量繁殖,污染食物,危害人体的健康。因此必须加强防暑降温工作,顺利度过酷暑季节。

在东北,盛夏骄阳似火,热浪阵阵,虽然酷暑炙人,但是伏雨增多,即所谓"一块云朵一场雨",也起到了一定的降温作用。雨水频降,虽给农作物迅猛生长提供了充足水分,但也使杂草旺盛生长,很容易造成草荒,所以要注意除草护苗,加强田间管理,并要抓紧追施穗肥,及早拿起大垄,以增强抗涝能力。大暑时节,正是小麦成熟和开镰收割之时,俗话说:"小麦不受二伏气",必须抓紧抢收,以防连阴雨造成倒伏,影响收获。农谚道:"头伏萝卜二伏菜,三伏种荞麦。"此时也正是秋菜播种的旺季,要搞好复种,对缺苗断条严重地块,抢种荞麦也是一条可行的补救措施。这个时期,还应抓好防洪和排涝的准备工作,加固堤防,疏通沟渠,有备方可无患。"禾到大暑日夜黄",对我国种植双季稻的地区来说,大暑是一年中最紧张、最艰苦的"双抢"时节。"早稻抢日,晚稻抢时"、"大暑不割禾,一天少一箩",适时收获早稻,不但可减少后期风雨造成的危害,而且可使双晚适时栽插,争取足够的生长期。要根据天气的变化,灵活安排,晴天多割,阴天多栽,在 7 月底以前栽完双季晚稻,最迟不能迟过立秋。大暑天气,正是长江中下游地区的伏旱期,尤其是棉花,此时正处于花铃期,是一生中叶面积最大的时期,是需水的高峰期,如果土壤湿度低于田间持水量的60%,就要立即灌溉,但要注意避开中午高温时段,以防因土壤温度变化过大而加重蕾铃脱落。

大暑时节,黄淮平原的夏玉米一般已拔节孕穗,即将抽雄,是产量形成最关键的时期,要严防"卡脖旱"的危害。争取使土壤水分达到田间持水量的70%以上。在充分供水的同时,还要供给充足的肥料。在玉米抽穗授粉灌浆时期,可在玉米的"棒三叶"(果穗叶及上下相邻的两片叶子)和雄穗上喷施磷酸二氢钾。

42. 立秋忙打靛

立秋,在二十四节气中,是一个反映天文季节和物候变化的节气。《月令七十二候集解》中说:"秋,揪也,物于此而揪敛也。"这个节气,每年出现在公历8月7日或8日,当天穹上太阳视位到达黄经135度时开始交节。由于全国各地气候不同,秋季开始时间也不一致。许多地方立秋以后气温仍然是很高的,有时会出现很炎热的酷暑天气,这便是人们所说的"秋老虎"。这种"秋老虎"的出现也是有一定条件的,一般说来,立秋过后太阳直射点虽已南移,但还处于北半球的上空,我国各地仍是昼长夜短,日照强烈,白天地面吸收的热量还大大超过晚间所散失的热量。在这种情况下,如果北方冷空气势力比较薄弱,天气连续晴朗,就会出现酷热而形成"秋老虎"天气。因为立秋后第一个庚日为末伏,即俗称"秋后一伏",说明"秋老虎"也是伏暑的组成部分,仍应注意防暑降温。

立秋过后,北方气温开始下降,但降温幅度不很大,从立秋到处暑仍约为2~3℃。此期间暖湿气团南撤,降雨量有所减少,但也仍在雨季,应继续抓好防汛抗洪工作。8月份东北易受台风北上的影响,有时出现大暴雨,容易造成更大的秋汛,必须警惕台风天气,作好预防工作。这个节气里,庄稼均已起身,各地相继挂锄,在农事活动上除要注意防虫灭病和拔除田间杂草外,要趁好天抓紧维修畜圈及禽舍。在畜牧管理方面,此时正是秋闲放牧和打秋草的大好时机,林业上又是砍伏枝的好时候,两项活动既贮存了冬草,又备了冬柴。立秋前后,华北地区要抓紧播种大白菜,以保证在低温来临前有足够的热量条件,争取高产优质,若播种过迟,生长期缩短,菜棵生长小且包心不紧实。而在南方仍是炎热季节,主要农事活动是:对于双季晚稻插秧早的,要抓紧田间管理,及时中耕除草和追肥。单季中晚稻已进入孕穗阶段,要进行灌水防旱,及早追肥,提高结实率。早薯正处于薯块膨大时期,也要注意灌水防旱。这个时候又是秋大豆、秋花生、秋马铃薯和秋高粱、玉米等作物播种的重要季节,要充分利用秋闲地和零星杂地,扩大耕地面积,多种多收。

俗话说:"立秋忙打靛。"这种农事活动早已成为过去。以往人们把靛草也叫蓼蓝(一种蓼科作物)从地里割回来,像腌酸菜一样码在大缸里,填水封口。发酵几日靛草的叶子就沤软了,捞出拧净叶里汁液,加好石灰用靛耙子连挤带打,打好后经过沉淀,把清水撇出即得蓝靛。这种天然的有机染料是我国古代发明的,曾长期广泛使用,染出的布永不退色,日期短染出的是蓝色,日期长染出的是青色,"青出于蓝而胜于蓝"就是由此演化而来的。直到19世纪末开始使用人工合成的无机染料,这种天然产品才逐步被取代。

43. 处暑沤麻田[①]

处暑,在二十四节气中是一个反映温度变化的节气。"处"是躲藏、终止的意思,处暑就是表示一年中最热的暑天就要结束了。这个节气,每年都出现在公历8月23日前后,当太阳视位在天穹上到达黄经150度开始交节。处暑是立秋后气温明显变化的一个转折点,是炎热酷暑即将过去、天气逐渐转凉的象征,这是与这个节气的含义所一致的。由于气温的急剧下降,对农作物的生长发育影响很大,那些因春旱出苗晚或没侍弄好的地块庄稼长势较差,若到现在还没有抽穗,等不到成熟就将遭到秋霜的危害了。故有"处暑不拿头,到秋喂老牛"之农谚,意思是说因为成熟不好,没有收成,就只好割下喂牛了。由此可见农时的重要,即所谓"你误它一时,它误你一年"。

处暑时节,北方天气转凉,虽已挂锄,但农活还是不少的,除拉土垫圈沤绿肥、把挖沟引出洼地积水、秋菜间苗、小麦脱粒外,要趁好天抓紧脱坯扒炕、抹墙、整修畜禽圈舍。到这个节气的后期已是9月上旬,进入仲秋,天高气爽,光照充足,正是庄稼从灌浆到成熟的过渡阶段。由于前期伏天降水充沛,温度较高,田间杂草丛生,遮蔽地面,影响通风透光,容易造成作物贪青晚熟。因此,抓紧时间拔出田间杂草,放好秋垄,促进庄稼及早成熟,是此时农事活动中的紧迫工作。农谚有"处暑沤麻田"之说,处暑节气正是沤麻的关键时刻,割早了成熟不好,麻质差;割晚了成熟过分,又不易剥皮。有经验的老农都懂得麻田必须在这个时节收割沤制完。还要利用开镰前的空闲时间,进行山果、野菜和蘑菇的采收;也是上山挖药、打柴和选料条编筐的好时光;又是水稻晒田、麦茬深翻以及贮备羊草的有利季节。

俗话说"七月十五定旱涝",当前旱涝已成定局,但对有些过水和积水地块,虽庄稼未被淹死,但生长也受到影响,很难保证成熟,要采取补救措施。除引水出田,使其恢复生长能力外,还要进行松土,破除板结,追施速效肥料,促进发育,同时可喷洒催熟剂。对于玉米除保留主穗外,把其他小穗全部掰去,也是一项很好的促熟措施。

南方在这个节气里天气仍很炎热,主要农事活动有:中稻即将成熟,要做好选种工作,加强晚稻田间管理,注意病虫害的发生和防治;做好收棉花的准备并开始进行采摘,进行分级收花、晒花的工作;早芝麻也开始收获;秋黄豆要追肥锄草;并要播种秋土豆和秋荞麦;果树要进行夏季修剪,根外追肥;大白菜要播种育苗;茶园要秋挖,适时收获黄麻;抓紧做好油菜苗床播种前的各项准备工作。

注①:以往农村用的麻绳都是自产的。到处暑的时候,麻田已经成熟,割回后放水池里沤制,晾干后捆起来。到冬天农闲时的傍晚,把麻捆取回来,边扒麻边唠家常或讲故事。既温馨,又有趣。

44. 白露割糜黍

白露,在二十四节气中是一个重要的节气,既反映温度变化,也反映水汽凝结现象。每年出现在公历9月8日前后,当太阳视位在天穹上到达黄经165度时开始交节。白露是一年中气温下降最显著的一个节气,从白露到秋分气温大幅度下降,天气逐渐转凉。白露时节,晚上空气中的水汽由于气温低而逐渐在作物或草木枝叶上凝结,呈现了白色,尤其是经早晨的太阳光照射后更显得发白了,故此被称为"白露"。

"白露割糜黍,秋分无生田。"这句节气歌谣在北方是很贴切的。白露过后气温逐日降低,白天和晚上的温差不断加大,有利于作物的营养物质向籽粒运送和积累。农谚曰:"三场白露一场霜。"因为白露的日最低气温已经比较低,庄稼经过几次冷凉的刺激以后,叶子开始由绿色变为黄色,逐渐停止生长,进入成熟的阶段。特别是糜子,成熟期较早,在秋风乍起之时很容易把籽粒摇掉,因此应该适时及早收获。在此之后,紧接着就要对大麻籽、小麻籽、葵花籽(即向日葵)等油料作物和土豆、杂豆等小秋作物进行收获,并作好护秋保收工作,严防猪、狗进地践踏庄稼,更要防止鸟类和野鼠偷吃粮食,丰产也要确保丰收。

在畜牧业方面,正是开始秋季防疫时期,要抓好畜禽免疫注射;林业上,也正是开展秋季造林的好时候,并要加强护林工作,防止夜牧的牲口入林,确保栽一片活一片;在山区和半山区,秋果已经成熟,要组织好采摘和收购;果农和菜农要加强果品和蔬菜的管理,做好收果和售菜的准备工作。俗话说"三春不如一秋忙",秋天是紧张的,在大秋作物开镰之前,一定要把小秋收和畜、林等项工作妥善安排好,以不误农时。

白露这个节气,在南方农事活动的重点是秋田管理、防病虫、防秋寒、防干旱,山区还要抓好秋收和冬种的准备工作。黄淮地区、江淮及以南地区的单季晚稻已扬花灌浆,双季晚稻早中熟品种已经孕穗和即将抽穗,都要抓紧当前气温还较高的有利时机浅水勤灌,待灌浆完成后,排水落干,促进早熟。可适量增施磷、钾肥,以增强稻苗抗寒能力。经常到田间检查,及时防治稻瘟病和螟虫为害。秋大豆正在开花结荚,秋花生也已开花钉针,要注意防旱,增施磷钾肥,促进丰产丰收。

45. 秋分无生田

秋分,在二十四节气中,是一个表示季节变化的节气,每年都出现在公历9月23日前后,当太阳视位到达黄经180度时交节。这一天,同春分一样,太阳正好直射赤道,在地球上所有地方均昼夜相等。因为这个节气不但居于秋季的正中间,而且昼夜相等,所以称为秋分。《春秋繁露》中说:"秋分者,阴阳相半也,故昼夜均而寒暑平。"秋分时节,全国各地气温普遍下降,雨量显著减少。东北由于地理纬度较高,秋季时间较短,天气逐渐转凉,庄稼开始变黄。长春平均气温从节气初的12.4℃到节气末就下降到9.5℃,最低气温已降到0℃以下,开始出现早霜和霜冻,作物停止生长,开镰待割。此时雷始收声、水始涸、红叶凋谢落满坡。由于雨量减少,气候干燥,秋季大风开始增多,这对秋收工作很不利,不但摇落作物籽粒,也影响秋收作业的进行。

"秋分无生田,准备动刀镰。"秋分时节是全国收割庄稼的大忙季节。此时,在黄河流域即是水稻、棉花、花生、大豆和夏玉米的收获季节,也是冬小麦播种的好时机,故有"白露早,寒露迟,只有秋分正当时"的节气农谚;在北方正是集中力量全面开展秋收、田间选种和秋翻地的关键时刻,也是秋菜加强追肥、浇水等田间管理,促进生长的好时候。在畜牧业方面,是继续进行牲畜抓膘、抓紧打秋草和搞好青贮饲料等项工作的黄金季节。在林业上,正是秋季造林的好时候,既要抓好营造,也要抓好看护和管理,确保栽一棵、活一棵,栽一片、活一片。正是:"三春不如一秋忙,各项活计都紧张,农林畜牧协调好,三业丰收争时光。"

秋分前后,在玉米成熟后期,特别是对贪青晚熟的地块,可对玉米进行站秆扒皮晒棒,使籽粒加快降低含水量,既可提早成熟(使蜡熟达到完熟),又能提高籽粒的品质,从而增加产量。但要注意应在黄熟初期进行,不要在乳熟期扒皮,太早还没定浆时,不但不能增产,还会造成损失(使籽粒成熟不好)。时间在降霜前晒10~15天,扒皮时应将果穗全部裸露在外,直接晒籽粒。

在南方,秋分前后由于副热带高气压减弱南移,北方冷空气不时南下,与那里的暖空气相遇交锋,造成低温阴雨天气,若日平均气温连续三天低于20℃,则会影响水稻抽穗扬花,阻碍开花、裂药、授粉,因受精不良而导致空秕粒增高,使结实率降低,造成减产,这就是"秋寒"现象。对于防御"秋寒"的应急措施,主要是深灌温度较高的河塘水,或在"秋寒"到来之前喷施磷酸二氢钾,可抗御低温,减少空秕率,提高结实率、对增产增收有明显的效果。

46. 寒露不算冷

寒露,是一个表示水汽凝结现象和反映天气冷暖变化的节气,每年都出现在公历10月8日前后,当太阳视位在天穹上到达黄经195度时开始交节。寒露节,露水寒。《月令七十二候集解》中注:"九月节,露气寒冷,将凝结矣。"这是说在重阳节前后天气很快变凉了。

寒露时节,气温下降的幅度较大,在黄河流域,白露到秋分日平均气温平均下降1~2℃,而从秋分到寒露日平均气温平均下降3~5℃。古人说:"寒者,露之气,先白而后寒。"由于气温的骤降,露水因寒冷而凝结,霜气加重,从白露变成了寒露。所以有人吟咏"天寒露凝霜气重"之哲理诗句,道明此期间天气逐渐变冷的规律。

进入寒露以后,北方冷空气势力逐渐加强,不断南下并取代暖空气控制的位置,在东北大部分地区处于冷高压控制下,天气稳定少变,秋高气爽,日暖夜凉,节气歌谚曰:"寒露不算冷,温度变化大;中午暖洋洋,早晨见冰碴。"由于气温骤降,天气转冷,农田里所有农作物和杂草全部枯黄死去,故有俗语"寒露百草枯"之说。寒露期间,天气晴朗少雨,东北粮食作物收获工作进入扫尾,正是抓紧拉运和碾打阶段。要充分利用晴好天气,精收细打,晾晒入库。收割完的地块,应拣净后,进行秋季翻耕,耙细压平,以利明春保墒。对于秋菜要抓紧后期管理,促进生长,准备收获。在畜牧业方面,上冻前抓紧维修好禽架畜舍,为禽畜安全过冬做好准备。

"寒露油菜霜降麦",华中这个时期正是直播油菜的季节,品种安排上应先播甘蓝型品种,后播白菜型品种。此时也是蚕豆和豌豆及山区小麦的播种阶段,应搞好秋播整地。收割晚稻、花生、秋绿豆和夏大豆。桑树剪梢,茶园冬耕施肥培土,要做好茶籽的选种、留种工作,并开辟新茶园。

"寒露到霜降,甘薯土里胀",在华东要加强甘薯的田间管理,治虫防旱,保持土壤湿润,促使薯块膨大。花生和秋大豆正处在结实阶段,要注意灌水防旱,促使果荚饱满并要防治病虫为害。同时抓紧紫云英的播种和山区油菜的育苗等项工作。

在华南,这个时候北方冷空气势力更为强大,侵入后造成数日低温(有时最低气温在16 ℃左右)的连阴雨天气,影响晚稻抽穗扬花,增加空秕率,降低产量,这就是南方的"寒露风"。俗话说:"有水不怕寒露风",采用灌深水的办法,可保持土壤温度和增加株间空气湿度,避免冷害发生。应抓住晴好天气,及时收割已成熟的中稻,并犁耙田,为冬种做好准备。

在秋季产崽的母猪,要做好种猪的选育。一般来说,要从观察仔猪的外表来选择猪种。公猪要身躯长大、腰平身、胸宽而深、肩宽平、背直长;母猪要后臀宽而圆大厚实。好的仔猪无论公猪母猪,有效奶头不得少于 6 对;如果中间那对奶头下正对肚脐,则仔猪抵抗力一般较弱。另外,尾根粗、尾巴卷一圈或左右摆动的仔猪,体质强壮。而后再看四肢,好的仔猪,肢体肥大,结实有力,长短适中,大腿丰满。最后再看头部,好的仔猪额部平、皱纹少,叉口长,上下唇齐,嘴形扁大、唇薄,同时鼻孔大,眼大、明亮、有神,耳朵要薄要大,能上下伸或前后伸。

47. 霜降变了天

霜降,是一个反映天气现象和气候变化的节气。每年都出现在公历 10 月 24 日前后,当太阳视位在天穹上到达黄经 210 度时开始交节。《月令七十二候集解》中说:"九月中,气肃而凝,露结为霜矣。"可见此时天气逐渐变冷,大地将产生初霜的现象了。

霜降,是由于此时黄河流域出现初霜而得名。这是因为,古代科学不发达,人们对霜的产生缺乏认识,误认为它和雨、雪、冰雹一样,是从天上降下来的。其实不然,霜是近地面空气中的水汽或植物茎叶内蒸腾的水汽,在地物或叶面上凝结而成的。凝结作用在 0 ℃以上,水汽首先凝结为液体的露滴,当气温降至 0 ℃以下时,由露滴冻结为霜,这种霜也称"冻露";凝结作用在 0 ℃以下,水汽便直接凝华成固体的霜花。在空气中水汽含量较少或土壤比较干旱的情况下,气温虽降至 0 ℃以下,但也见不到白色的霜花,而农作物却遭到冻害,这便是霜冻,群众也叫"黑霜"或"哑巴霜"。

霜降时节,正是农历九月,大地寒气加重,草木枯黄。东北大部分地区庄稼已经收获进场院了,俗话说"九月九,大撒手"。田野里到处是残枝落叶,正是鹅鸭和猪羊遛茬的好时候。此时蚊蝇等害虫不是死亡,就是开始钻进土里越冬了。节气歌谚曰:"寒露不算冷,霜降变了天。"霜降过后天气一天比一天变得寒冷了。要在变天之前把秸棵拉回家,秋菜也要及时收获和贮藏,此后便进入打场和送粮的高潮阶段。由于北方冷空气势力的不断加强,东北气温逐日下降,很快进入初冬。人们口头禅道:"霜降变了天,天气逐日寒,雨雪常夹降,棉衣要备全。"实际不仅是备全,而且应该穿上身了。

在这个时候最关键的一项工作,就是果树的秋季施肥,应在果实采收后至落叶前进行。果树秋季施肥,应以农家肥为主,如各种厩肥、堆肥、炕洞土等,再掺拌适当数量的磷、钾肥,若再能把氨水、碳酸氢铵等氨态氮肥同时施用效果更好。

果树秋季施肥的数量,可根据树种、树龄、树势、产量、土壤肥力等情况来确定。施肥方法可采取沟施、穴施或全园施。农家肥施入后要覆土盖严并灌水,在肥料较少时,可采用分年轮施。全园施要结合果园翻耕和水土保持进行,以便收到良好的效果。

霜降时节,南方一些地区,双季晚稻正处在灌浆的乳熟阶段,这是决定粒重的关键时期,田间可采用干湿交替的方法管水,湿润促灌浆同时要注意追肥。秋大豆、秋花生正处于穗粒饱满期,要抓好根外追肥和灌水防旱,对已经成熟的田块要及时收获,选好并留足种子。适时收割黄麻,采摘棉花对茶园、果园要及时套种苕子、莱菔子等冬种绿肥,同时做好蚕豆和豌豆的晒种工作。

48. 立冬十月节

立冬,是反映季节变化和农事活动的节气。每年都在公历11月8日前后,当太阳视位到达黄经225度时交节。"冬"是"终了",是作物收割后要收藏起来的意思,《群芳谱》上说:"冬,终也,物终而皆收藏也。"就是说,到了冬季,不但各种农作物要收获完了,而且应该晾晒好,贮藏好。

立冬过后,天气越来越冷,北方开始降雪。但中午气温仍在0℃以上,所以早晨的冰冻或积雪到午间便可消融殆尽。这时候,正是冷暖变化的交错期,寒潮来了就冷几天,大地封冻,水面结冰;寒潮过后又暖几天,地面冰雪融化,似有初春之意。这段"回暖期",就是人们常说的农历十月里的"小阳春"。

立冬时节,在关外秋收工作全部结束,正在抓紧时间对拉进场院的庄稼进行碾打、脱粒工作,争取做到"几成年景几成收"。如若场收推迟,大雪一来,粮食就要遭受损失,丰产不能丰收。在上冻之前,要结合场收选好、贮藏好、保管好翌年所需要的种子,并要利用这段好天气抓紧送粮食入库和及早完成农业税收任务。立冬前后也正是蔬菜冬贮入窖的关键时刻,应抓紧做好晾晒和修理等准备工作。此外,这个节气里应搞好积肥、造肥、兴修水利和副业加工等项工作。在畜牧业方面,要修好圈舍和进行生猪育肥等工作,特别是对老弱孕畜,要精心管理,加强保膘和保肥措施,预防大风对牲畜的侵袭。在林业上要注意抓好秋冬的森林防火工作。

在关内,寒潮是影响各地天气变化的主要因素。在农事上华北除了做好秋作物的脱粒收藏外,主要是抓好麦田的冬灌工作。农谚曰:"不冻不消,冬灌嫌早;只冻不消,冬灌晚了;又冻又消,冬灌正好。"此时正是昼消夜冻阶段,是给小麦浇冻水的关键时机,要抓紧时间搞好冬灌,蓄水保墒,蓄水保温,促使小麦控叶生根,增强抗旱防冻能力,并施暖沟肥,确保来年丰产丰收。

在养禽业上,必须做好蛋鸡冬季的饲养和管理。提高冬季产蛋率是饲养蛋鸡的重要环节,但怎样才能提高冬季的产蛋率呢?首先要保证鸡舍内的适宜温湿度:舍内温度要控制在 12～15 ℃,空气湿度要保持在 50%～70% 之间,蛋鸡在这样的环境下,能充分吸取饲料的营养,保证正常的生长和发育,气温过低会增加耗食量,并降低产蛋率。其次必须做到饲料的合理搭配,保证营养全面。几种主要饲料成分比例应为:玉米、高粱等能量饲料占 55%～60%;豆饼、葵花饼、鱼粉等蛋白饲料占 20%～25%;糠麸占 7%～10%;矿物质饲料占 5%～7%;并要喂食一定量的白菜、胡萝卜等青饲料,以满足各种营养物质的吸收。另外,要保证蛋鸡的饮水,每天不得少于 2 次,水温要保持在 13～18 ℃。同时,要搞好鸡舍的卫生和防疫,接种新城疫疫苗和禽霍乱菌苗等,以预防传染病的发生。

49. 小雪地封严

小雪,是一个反映天气现象的节气,是天空中的降水过程由液态雨滴变为固体雪花的转折点。每年都出现在公历 11 月 23 日前后,当太阳视位到达黄经 240 度时开始交节。古书上说:"雨下而为寒气所薄,故凝而为雪。小者未盛之辞。"说明小雪是表示降水形式由雨变雪了,但此时雪量不大,故称小雪。

小雪时节进入初冬,气候逐渐转冷,地面上的露珠变成严霜,天空中的雨滴变成雪花,流水凝成坚冰,整个大地披上了一层洁白的素装。但这个时候的雪,常常是半冻半融状态,气象学上称为"湿雪",有时还会雨雪同降,这类降雪称为"雨夹雪"。在这个节气初,东北土壤冻结深度已达10厘米,往后差不多平均每昼夜冻结1厘米,到节气末便冻结了1米多。所以俗话说"小雪封地",之后大小江河陆续封冻。农谚道:"小雪雪满天,来年必丰年。"这里有三层意思:一是小雪落雪,来年雨水均匀,无大旱涝;二是下雪可冻死一些病菌和害虫,来年减轻病虫害的发生;三是积雪有保暖作用,利于土壤有机物的分解,增强土壤肥力。因此俗话说"瑞雪兆丰年"是有一定科学道理的。

小雪时节,秋去冬来,冰雪封地天气寒。在北方要打破以往的猫冬旧习惯,利用冬闲时间大搞农副业生产,因地制宜进行冬季积肥、造肥、柳编和草编,从多种渠道开展致富门路。为迅速提高农民的科学文化素质,要安排好充分的时间,搞好农业技术的宣讲和培训,把科技兴农工作落到实处。

在南方,小雪节气仍是秋收秋种的大忙季节,除收获晚稻外,秋大豆、秋花生、晚甘薯也都要相继收挖。小雪是小麦播种的关键时期,应在小雪后三五天播种完毕。因为这时气温尚高,日照充足,有利于出苗。播种时应施足基肥,如遇干旱要及时灌水,进行中耕除草,对播种时未施基肥或基肥不足的,要及时追施麦针肥。小麦种完后,就要抓紧播种大麦,大麦的生育期比小麦短,迟播早熟,适应性广,可适当多种,单、双季稻田均可以种,并不影响早稻的适时播种。

在此期间还要做好鱼塘越冬的准备和管理工作。管好越冬鱼种池,是提高鱼越冬成活率的关键。要经常注意观察鱼池水位的变化,如果水位逐渐变浑或变色,底部有气泡上升或有腥臭味时,就表明水质变坏,要更换新水。对越冬的池堤坝、闸门等挡鱼设备要经常检查,发现有损坏或漏水要及时处理,防止水少把鱼冻死。

鱼池封冻后,每亩水面要开 3～4 个 2 米见方的冰眼,以保证水里氧气的供应。下雪后,应迅速将池面上的积雪、尘土扫净,以增加光照和提高水温,并要防止病害。鱼类越冬期间,主要鱼病是水霉病,防治方法是:每亩水面用菖蒲 3 千克,食盐 1 千克,加上人尿 20 千克泼洒池内。

50. 大雪河封上

大雪,在二十四节气中,是一个反映天气现象和降水程度的节气,每年都出现在公历 12 月 8 日前后,当太阳视位在天穹上到达黄经 255 度时开始交节。古书《群芳谱》中叙述:"大雪,言积寒凛冽,雪至此而大也。"《二十四节气解》中记载:"大者已盛之辞,由小至大,亦有渐也。"意思都是说明到了大雪期间,降雪量由小变大,与小雪相比,此时气候更加寒冷,降雪次数和程度都显著增加,并开始积雪、封河,故有"小雪封地,大雪封河"的节气谚语。

对北方来说,降雪对农业有很多好处:既可增加土壤水分,又可以覆盖越冬作物使其免遭冻害,降雪时还可以将空气中的氮素带入田间,增加土壤肥力。这便是"瑞雪兆丰年"的道理。

大雪期间,寒潮次数增多,冷空气势力大大加强,并频频南下。每当寒潮到来,风雪交加,寒气袭人。此时,北方在农业生产上,除大力积肥、造肥和开展副业生产外,要注意粮食和蔬菜的窖藏保管工作,对老幼弱畜要增加精料和采取防寒防冻措施,确保安全过冬。怎样使牲口在寒冷的冬天里不掉膘呢?就是要把喂饲的草料搭配好,干草、秸秆、秕谷等属于粗饲料,特点是体积大、养分少,在喂饲时,一定要将这些饲草下部的粗硬部分切掉作燃料,再将上部铡细喂饲。饲草中所含的粗蛋白质、钙、磷等营养物质非常少,单一喂饲很难保证牲口不掉膘,必须与含蛋白质、钙、磷多的豆科牧草和豆科秸秆搭配喂饲。对于老幼弱孕畜更要精心喂饲,适当添加些饼类、骨粉、贝粉、胡萝卜等精料和青绿饲料,增加适口性,促进食欲,确保安全越冬。

南方如华中地区,在大雪节气过后,秋收秋种也已经结束,越冬作物基本停止生长,也开始进入农闲时期。俗话说:"大雪时节雪花飞,搞好副业多积肥。"因此,应当充分利用农闲时期发展副业生产,整修水利,多积农家肥,同时搞好越冬作物的田间管理和人畜防冻、防病等项工作,为争取来年大丰收创造有利条件。

51. 冬至数九天

冬至,在二十四节气中非常重要,古时候称为冬节,是一个既反映季节变化,又表明寒冷程度的节气。每年都出现在公历 12 月 22 日前后,当太阳视位在天穹上到达黄经 270 度时开始交节。《月令七十二候集解》中注:"终藏之气,至此而极也。"《通纬》上也说:"阴极而阳始至,日南至,渐长至也。"都表明冬至这一天是北半球白天最短、黑夜最长的一天。

冬至在天文上是个重要的转折点,这一天,太阳光正好直射地球南纬 23 度 27 分的南回归线,是太阳直射光所能达到的最南极限,那里的白天最长,黑夜最短,是太阳辐射热最多的时候。而在北纬的我国恰好相反,是太阳辐射到地面的热量最少的日子,农历规定从这天开始交九。我们的祖先把自冬至之日起每九天分为一个时段,依次定为一九、二九、三九……直到九九,这81天被称为"数九",是一年中天气由较冷到最冷又回暖的最明显的阶段,包括冬至、小寒、大寒、立春、雨水、惊蛰、春分共七个节气。"数九"不但是我国古代人民在与天时长期奋斗的劳动实践中,总结出来的一种说明寒冷程度的方法,而且还根据物候变化的规律和特征,编成了口头禅:"一九二九不出手,三九四九冰上走,五九六九沿河看柳,七九河开,八九雁来,九九加一九,耕牛遍地走。"这就是在民间广泛流传的"九九歌",共81天,再加一九刚好90天,到了春分,即冬至过后三个月,便又是一个农事大忙的季节了。

由于我国古代的文化政治中心在黄河流域,"九九歌"中所反映的虽是那个地区的气候特点,但"七九河开,八九雁来"与东北的气候状况还较相近。只不过在刚交九时相差悬殊些,在关内并不感到太冷,只是有点冻手而已,而在关外却是身穿棉衣、头戴皮帽了。当南方"沿河看柳"的时候,北方还是"雪压寒枝"的景象,到九九结束时,南北方的温度差异逐渐缩小。过了春分遇上暖流,东北也能开犁种麦了,所以"耕牛遍地走"有普遍指导意义。

冬至时节,东北已进入寒风凛冽的严冬阶段,日平均气温已降低到-20 ℃左右,正是"冬色浓烈、寒气袭人"的时候,空气中水汽含量不断减少,多为晴冷干燥天气。在农事活动上,除为来年夺丰收多积肥、积好肥,积雪、养冰蓄水和加强贮粮与菜窖及牲畜的精心管理等室外劳动外,主要是开展室内的家庭副业和农产品加工,把农闲变农忙以增加创收,人们还编成这样的顺口溜:豆皮粉碎做饲料,秫秸破半把席编,稻草打绳织草袋,包米叶子编花篮;农副产品全利用,增加收入不费难,今年农业收成好,总结经验再翻番。

关内的华北一带冬至时节也是冬闲期,农事活动与东北地区差不多,而华东、华南较温暖地区,在农事活动上田间作业仍可进行。第一,做好冬种作物的田间管理,对大小麦中耕除草,施好苗肥和分蘖肥;对直播油菜要抓紧间苗、定苗、保全苗,除草中耕,施好壮苗肥。第二,进行冬翻、冬积、冬修、冬改,冬翻地要趁早进行,广开门路多积农家肥,并要注意修检水利设施。另外,改造中低产田是粮食增产的一项得力措施。

52. 小寒进腊月

小寒,也是一个反映气候变化和寒冷程度的节气,每年都出现在公历 1 月 6 日前后,当太阳视位到达黄经 285 度的时候开始交节。古书《群芳谱》中说:"冷气积久而为寒,小者未至于极也。"《月令七十二候集解》中说:"月初寒尚小,故云,月半则大矣。"意思都说明,小寒时节天气虽然已经寒冷,但是还尚未达到最寒冷的程度。但如果这期间阴天日数较多,也会感到寒风刺骨,阴冷异常。

俗话说"冷在三九",这是因为最冷的天气不是出现在地面吸收热量最少的时候,而是在地面放热和吸热差值最大的时候,即一般在公历 1 月中旬以后才会出现。所以在小寒过后,天气一天比一天寒冷起来,到"三九"前后,气温也就降到了最低值,这便是全年中最冷的日子了。

在这严寒的季节里,由于日照时间短,天气较寒冷,正是猪肺炎支原体活动猖獗的时期。在这个时候,不论大猪还是小猪,特别是哺乳的仔猪和刚断乳的小猪极易感染得病。这种气喘病是一种慢性的传染病,病程较长,病猪猪体消瘦,体毛卷曲而粗乱。初期咳嗽少而轻,日渐加重,尤其在下半夜至早晨较甚。气喘时轻时重,并有喘鸣声,长期呈腹式呼吸,如不及时采取救治措施,严重时会造成互相感染,甚至死亡。

为防止该病的发生,养殖专业户要坚持"自繁自养",一般农户在购入猪只时,要与原养猪隔离观察一个月以上。要充分利用冬日的太阳光线照射猪体,并让其适当活动,以增加血液循环,提高抗病能力。猪舍要经常清扫消毒,并做好防寒保暖工作。圈舍猪只不要拥挤,猪盘勤垫草,并保持清洁。对患病猪要增加精料,细心调养。

小寒前后,正是新年伊始,北方天寒地冻,在农事上无甚活动,主要是考虑好这一年的种植和养殖计划,并利用农闲学习新技术、新知识。

由于冬季南方也比较寒冷,特别是三九前后,会出现一段冰冻期,使青菜、萝卜、大白菜、芹菜、包心菜等遭受冻害,影响质量和产量,给市场供应造成困难。为此,必须做好蔬菜的防冻工作。利用各种秸秆,如麦秆、稻草及塑料薄膜盖于蔬菜表面或其上空。还可以立拱架用塑料薄膜作长期覆盖,待天气回暖时拆除。合理施肥也可以预防冻害,进入严寒季节,要根据天气和苗情,适当控制氮肥的施用,以防止生长过旺过嫩,容易遭受冻害,而应增施钾肥,不但可以提高抗寒能力,还能提高品质和产量。

53. 大寒到新年

大寒,是农历一年中最后一个节气,也是反映气候变化和寒冷程度的节气。每年都出现在公历 1 月 21 日前后,当太阳视位到达黄经 300 度时开始交节。古书《三礼义宗》上说:"大寒为中者,上形于小寒,故谓之大,……寒气之逆极,故谓大寒。"是说,到了大寒时节,天气达到一年之中最寒冷的程度了。

大寒期间,正是农历腊月,这时降的雪称为腊雪,在农业上是极有用途的。用雪水浸种,可提高种子的发芽率,并且有促进作物生长、提高产量的作用;家畜和家禽饮用雪水,可以增强体质,并使母鸡多产蛋;积雪像棉被一样,盖在大地上,不但可以阻挡寒气侵入,而且又减少土壤热量向外散失,起到防寒保暖的作用;积雪不但能减少土壤水分蒸发,而且在融化时还能增加土壤水分,起到抗旱保墒的作用;同时雪融化时要消耗土壤里大量的热量,使地温突然降到 0 ℃左右,可以冻死部分越冬害虫和虫卵,减少虫害发生。

大寒时节,天寒地冻,滴水成冰,是一年中最寒冷的时段。在养殖业上是最不好过的时期,大牲畜还好管理,特别是仔猪容易造成大的损失。由于冬季寒冷生长缓慢,发育极端不良,有的猪饲养数月也不见长,这就成了僵猪,老百姓叫小老猪。出现这种情况原因很多,有先天性的,如近亲交配、未成年小母猪过早配种、初生时体重过轻(不足 0.5 千克)等;也有后天性的,如饲养管理不当、营养不良、发生疾病等情况而促成。怎样避免养成僵猪呢?尽可能防止近亲交配,保证哺乳期在 50 天以上,如母猪产仔过多,乳头不足时,要进行人工喂养,在哺乳期里要适当喂料,锻炼觅食,并注意增加饲料中的营养。对于已出现的僵猪,要及时驱虫治病,并进行单独喂养,补充蛋白质、矿物质及动物性饲料(如鱼粉、骨粉、贝壳粉等),并注意防寒保暖。

过了大寒,便已接近年底,正是农村忙年的时候,杀年猪、赶年集、淘黄米、磨白面……在忙碌着喜迎新年的时候,也不要忽略对老幼弱畜的照看和管理,同时对粮食、饲料、菜窖等各方面都应注意检查保管好,加强防火防盗,确保高高兴兴、欢欢喜喜、安安全全过好春节。

在北方,田地已被冰雪覆盖,没有农活,可以在家里搞点副业如编织。南方地里没有冻结,农事活动尚可进行。对油菜可早施钾肥以促高产。这是因为增加钾肥,可促进植株对氮素的吸收和利用,增加纤维素含量,增强抗病、抗倒和抗寒能力。蚕豆从出苗到立春前,主要是长根、长叶、长分枝,进行营养生长,因此,要加强培育管理,为高产丰收打下基础。具体措施抓三条:①开沟防渍,蚕豆属直根系作物,如果排水不良、地下水位高,就会影响根系发育,所以要开好深沟,排出地面水,降低地下水位,这是蚕豆丰产的关键措施;②松土培根,中耕除草,以增强土壤透气性,提高土温,使根系深扎,增加有效分枝,提高抗倒能力;③蚕豆能自行固氮,一般不需追施氮肥,可增施草木灰,以提高植株抗寒能力,但对于土壤瘠薄、长势较弱、苗色发黄的地块,也可追施少量氮肥,促进生长,以保证丰收。